牛下丘脑CART转录调控机制

李鹏飞　著

中国农业科学技术出版社

图书在版编目（CIP）数据

牛下丘脑*CART*转录调控机制 / 李鹏飞著. --北京: 中国农业科学技术出版社, 2023. 11

ISBN 978-7-5116-6489-1

I. ①牛⋯　II. ①李⋯　III. ①牛－下丘脑－研究　IV. ①S852.1

中国国家版本馆CIP数据核字（2023）第 195179 号

责任编辑　王惟萍
责任校对　王　彦
责任印制　姜义伟　王思文

出 版 者　中国农业科学技术出版社
北京市中关村南大街 12 号　　邮编：100081
电　　话　（010）82106643（编辑室）　（010）82109702（发行部）
（010）82109709（读者服务部）
网　　址　https://castp.caas.cn
经 销 者　各地新华书店
印 刷 者　北京捷迅佳彩印刷有限公司
开　　本　170 mm × 240 mm　1/16
印　　张　7.25
字　　数　138 千字
版　　次　2023 年 11 月第 1 版　　2023 年 11 月第 1 次印刷
定　　价　43.80 元

本著作涉及的研究工作得到国家自然科学基金项目（31873002）、山西省应用基础研究计划面上项目（20210302123380）、山西农业大学校地合作项目（2022HX010、2021HX23、2020HX06、2019HX03）、山西省现代农业产业技术体系建设专项资金支持。

前言

神经肽是神经元间重要的化学信使，发挥神经激素、递质和调质的作用；同时，神经肽在脑部和外部组织广泛分布，反映了神经肽生物学功能的多样性和复杂性，在医学和动物生殖生理领域受到科研工作者的广泛关注。

可卡因-苯丙胺调节转录肽（CART）是动物体内广泛分布的下丘脑神经肽，2004年首次在牛卵巢上发现*CART* mRNA表达。研究发现，CART通过HPO轴直接作用于牛卵泡颗粒细胞，抑制FSH介导的颗粒细胞增殖、雌激素分泌和cAMP表达，是显著抑制牛卵泡优势化的重要因子。为明确CART调控牛卵泡发育的作用机制，著者深入研究牛卵泡内CART介导的信号通路，并绘制了CART作用机制模型；从分子和细胞水平筛选CART的膜受体，完成CART候选受体的功能研究。

《牛下丘脑*CART*转录调控机制》一书从调控下丘脑CART表达的转录因子和ceRNA网络切入，综合运用生物信息学、分子生物学、细胞生物学、实验动物学等理论和技术，从转录水平、转录后水平对调控牛下丘脑CART的转录因子和ceRNA调控网络展开研究。

本书共十一章内容：第一章对CART调控牛卵泡发育相关研究展开综述，阐明牛下丘脑*CART*转录调控机制研究背景和意义；第二章、第三章重点开展牛*CART*核心启动子区及转录因子的筛选，并进一步明确各转录因子功能及调控活性；第四章至第六章通过预测下丘脑CART的ceRNA调控网络，明确*CART*与miRNAs的靶向关系，从细胞和实验动物水平获得调控CART表达的关键miRNA；第七章至第十章重点对参与牛下丘脑CART表达调控的lncRNA展开研究，明确了lncRNA调控CART表达的分子机制，获得调控效果最强的lncRNA，成功构建牛下丘脑lncRNA-miRNA-CART调控网络；第十一章对本书研究进行总结和展望。本书较为系统地介绍了著者多年来对CART的相关研究成果，思路新颖、资料丰富、内容连贯，反映了神经肽CART研究的新进展，可供畜牧兽医专业师生、医学院校师生及医学科研人员参考和查阅。

在本书编写过程中，山西农业大学朱芷葳教授审校了著作的全部内容；朔州职业技术学院王栋梁老师在研究和采样过程中给予了大力支持；团队研究生郝庆玲、侯淑宁、成俊丽、任静、郝琴琴、贾雪纯、闫俊蓉、周宏泰在试验研究、资料收集等方面做了大量工作。在此，对关心和支持本书出版的同志表示衷心感谢。

由于著者学识水平所限，书中遗漏之处在所难免，敬请广大同行和读者批评指正。

李鹏飞

2023年5月于山西农业大学

目 录

第一章 CART调控牛卵泡发育概述

1.1 牛卵泡发育调控理论

1.1.1 牛卵泡发育进程

母畜出生前，卵巢上有许多原始卵泡，但只有少数卵泡能够发育成熟和排卵，绝大多数卵泡发生闭锁和退化。因此，卵泡的绝对数随着年龄的增长而减少，牛发情周期内排卵卵泡的数量和质量与其繁殖性能直接相关。卵泡发育是一个连续而复杂的过程，按发育阶段不同，分为原始卵泡、初级卵泡、次级卵泡、三级卵泡和成熟卵泡。在胚胎时期，由内胚层迁移至生殖嵴的原始生殖细胞，经性分化过程分化为卵原细胞，在生殖嵴每个卵原细胞都与多个原始卵泡细胞组合分化为一个原始卵泡。原始卵泡与初级卵泡中无卵泡膜与卵泡腔，由周围的体细胞包裹卵母细胞；周围的体细胞增殖分化过程中，逐渐由扁平状变为柱状，由单层变为复层，并分化成颗粒细胞（granulesa cells，GCs）和内膜细胞，多层GCs包裹次级卵母细胞形成次级卵泡；GCs进一步增殖并分离，导致卵泡内出现卵泡腔，并被卵泡液所填充，随着卵泡腔逐渐变大，卵母细胞被挤到一边并被GCs包裹形成卵丘，卵泡腔周围被其余GCs紧贴；同时，GCs层外围分化出内膜细胞和外膜细胞，内膜细胞合成分泌类固醇激素，参与卵泡发育进程，外膜细胞位于卵泡最外层，保护卵泡，此时三级卵泡形成；卵泡腔持续增大，卵泡液增多，卵泡突出于卵巢表面，三级卵泡过渡为成熟卵泡。一般一个发情周期经历2～3个卵泡发育波，一个卵泡发育波中每个卵泡都具有同等发育潜力，通常直径相对较大且生长速度较快的卵泡称为优势卵泡（dominant follicle，DF），其余卵泡称为从属卵泡（subordinate follicles，SF）。DF对SF的发育起抑制作用，当只有一个DF继续生长时，SF发育受到抑制并失去分泌雌激素（estrogen，E_2）的能力，最终闭锁。通常只有最后一个卵泡发育波中的DF最终成熟排卵，排卵后剩余的GCs和卵泡膜细胞最终分化为黄体细胞，其分泌孕酮（progestogen，P）作用于生殖道维持妊娠，如未受精，黄体萎缩退化。

1.1.2 经典HPO轴发情周期调控理论

动物发情周期是由多种组织器官协调完成的一个精确调控过程，其中，下丘脑—垂体—卵巢（hypothalamic-pituitary-ovary，HPO）轴在该过程中发挥核心作用。经典的HPO轴组成包括下丘脑促性腺激素释放激素（gonadotropin-releasing hormone，GnRH）、垂体促性腺激素（包括促卵泡激素FSH和促黄体素LH）以及效应器卵巢分泌的E_2和P。哺乳动物发情周期大致分为卵泡期和黄体期2个阶段，下丘脑神经元胞体合成GnRH前体经修饰成熟后，经毛细血管网快速转运至垂体前叶性腺受体上，诱导垂体促性腺激素FSH和LH的释放；发情周期卵泡募集的重要标志是卵泡开始表达LH受体，此时，卵泡膜细胞在垂体释放的LH作用下合成雄激素，并在GCs芳香化酶作用下转化成E_2。卵泡E_2浓度升高有3个途径：①在E_2作用下诱发卵泡GCs增殖分裂，分泌更多的E_2；②GCs的增殖分裂促使优势化卵泡形成并分泌E_2；③E_2浓度升高诱发GCs表达的FSH受体增加，在FSH诱导下卵泡GCs的E_2分泌能力增强。此时，高浓度的E_2激活负反馈调节抑制垂体FSH分泌，导致其他非优势卵泡（即SF）停止正常发育，最终闭锁。当DF接近成熟时，E_2浓度达到峰值诱发启动排卵前的促性腺激素LH的激增，并引发一系列卵泡动态变化包括卵泡破裂、排卵以及黄体形成等；同时，LH激增也抑制了雄激素分泌，导致排卵后E_2浓度急剧下降和GCs趋于黄体化，且在LH作用下P开始逐渐升高。黄体期高浓度的P显著抑制下丘脑GnRH和垂体促性腺激素分泌，同时也抑制了E_2分泌和卵巢卵泡发育。黄体维持一段时间后，在子宫分泌的$PGF_{2\alpha}$作用下迅速萎缩，P分泌量也急剧下降，随后进入下一个发情周期。

1.2 CART研究概况

1.2.1 CART的结构特征

可卡因-苯丙胺调节转录肽（cocain-and amphetamine-regulated transcript,

CART）是由下丘脑分泌的内源性神经肽。在研究生长激素抑制素样多肽时首先在绵羊下丘脑中分离出一种未知肽，在给予大鼠可卡因及苯丙胺刺激后下丘脑纹状体中一种未知mRNA表达量提高了4～5倍，对该mRNA相应的cDNA进行克隆分析获得其完整核苷酸序列，预测表达蛋白的氨基酸序列与Spiess等获得的未知肽序列一致，因此，将其命名为CART。目前，已经完成了对多个物种*CART*基因的分离及测序鉴定，发现CART具有较高的保守性，在不同物种中均具有2个内含子和3个外显子，由于剪切形式的不同，形成了长型（129个氨基酸）和短型（116个氨基酸）2种CART前体肽（CARTPT），均含有27个氨基酸前导序列，加工处理后分别形成长度为102个和89个氨基酸的活性肽。长型活性肽的活性中心为$CART_{55\text{-}102}$和$CART_{62\text{-}102}$，对应短型活性肽$CART_{42\text{-}89}$和$CART_{49\text{-}89}$，大鼠与小鼠体内CART有长型与短型2种。前期研究证实，牛体内的CART为短型，C端有3对二硫键和48个氨基酸残基用来维持其三维结构，其中，2个β折叠和6个半胱氨酸构成其生物活性区域，N端不规律。

1.2.2　CART的生理功能

CART作为一种下丘脑分泌的神经肽，主要功能有以下方面。①摄食与能量平衡。*CART*基因位于染色体5q13～14区，该区域已被证实是肥胖易感位点，在啮齿类动物肥胖模型研究中发现，急性给药CART会减弱其食欲，长期服用CART可减少食物摄入量和体重，但高剂量可导致运动障碍；免疫组化研究发现，CART蛋白广泛分布于室旁核、外侧下丘脑、弓状核及交感神经节、肾上腺、垂体等，表明CART可通过下丘脑—垂体—肾上腺（HPA）轴或交感肾上腺轴等途径调节能量代谢。②调节激素分泌。CART在胰岛内分泌细胞、副交感神经和感觉神经中均有表达，而胰腺中副交感神经能刺激胰岛素分泌；侧脑室注射CART可显著提高2型糖尿病大鼠胰腺组织中胰岛素的含量，进一步表明CART是一种胰岛调节肽；在体外试验中，注射CART也可使下丘脑中促肾上腺皮质激素释放激素（CRH）含量增多。③神经保护作用。CART可通过ERK 1/2介导的信号通路降低由OGD引起的神经元死亡；也可能通过抑制AQP-4的表达进而减轻脑缺血再灌注引起的小鼠急性期脑水肿，维持血脑屏障完整。④调节奖赏寻求行为。CART广泛分布于奖赏和强化处理区域，如下丘脑横核（Acb）、中脑腹侧被盖区（VTA）、杏仁核、外侧下丘脑、丘脑室旁核（PVT）和腹侧苍白体等。在Acb体外注射CART可增强食物奖赏行为；脑室注射CART可增加伏隔核壳内多巴胺（DA）代谢物、3,4-二羟基苯乙酸

（DOPAC）和高香荚酸（HVA）的浓度，而伏隔核壳神经元主要通过感知外界环境变化来调控奖赏和摄食行为。⑤调控卵泡发育。2004年首次在牛卵巢中发现*CART* mRNA有表达，通过免疫组化、原位杂交等技术进一步研究发现，在第一卵泡波的卵泡液中，SF中CART表达量高于DF，且以一定剂量CART处理GCs时，能抑制E_2分泌，但P不受影响，表明CART可能对卵泡发育起重要调节作用。

1.2.3 CART调控卵泡发育研究进展

大量研究表明，卵泡GCs的增殖分泌功能及其与内分泌激素相互影响，对维持卵泡正常生长、发育和成熟起着非常重要的作用。闭锁卵泡总伴随着GCs的严重凋亡，卵泡液E_2浓度显著降低；GCs包裹对卵母细胞的胚泡破裂有关键作用，对促进卵母细胞的完全成熟和防止卵母细胞DNA片段化具有重要作用；著者进一步证明了CART在一定FSH浓度下，对GCs增殖和E_2分泌有抑制作用，而高浓度的E_2、P及IGF-I可显著促进末期卵母细胞的成熟。著者对牛和单胎绵羊的研究也表明，CART对卵泡的发育有显著的负调控作用，能够引起牛、绵羊卵泡闭锁，是导致其繁殖力下降的一个重要因素。

神经肽CART属于经典激素类，首先，在下丘脑细胞内由核糖体合成无活性的大分子CARTPT，然后，以神经内分泌方式经酶切等翻译后加工过程，血液运输至远距离靶细胞，发挥外周激素的作用。CART对FSH信号转导通路和卵泡发育有局部负调控作用，抑制卵泡E_2分泌是通过调控促性腺激素信号途径，降低FSH诱导的cAMP浓度、Ca^{2+}内流、芳构化酶浓度和*CYP19A1*表达；通过G蛋白依赖的Go/i途径，CART上游调控加快终止FSH诱导MAPK1和AKT1通路，专一性降低MAPK磷酸酶，终止FSH诱导MAPK1/3通路。在此基础上，研究人员提出了牛卵泡GCs内CART作用机制模型（图1-1）。该模型表示，FSH作用于FSHR刺激Erk1/2和Akt激活，CART可加速终止FSH诱导的Erk1/2和Akt信号。单独刺激CART可诱导牛GCs中Erk1/2的激活，CART是通过诱导Go/i蛋白直接磷酸化PKC进而激活MEK-Erk1/2，还是以PKC非依赖性方式激活MEK-Erk1/2尚不清楚，但CART刺激Erk1/2激活与PKA、PI3K和RTK无关。Erk1/2激活后诱导DUSP5表达，DUSP5负反馈调节终止Erk1/2激活。CART诱导的DUSP5表达在功能上是CART诱导的Erk1/2信号终止所必需的，并由Erk1/2和转录依赖机制介导。CART诱导PP2A表达在功能上也是CART诱导Erk1/2终止和Akt激活所必需的，并且CART对PP2A表达的调节是通过转录依赖和非依赖机制介导的。研究表明，CART在体外水平抑制FSH信号传导，降低芳香化酶及E_2的生成。是否CART诱导Go/i蛋白直接使PKC磷酸化，然后激活MEK和Erk1/2，或者是否Erk1/2通过PKC依赖的方式被激活，这些机制仍不清楚。因此，明确CART对卵泡发育的影响及其作用机制，对CART的受体进行筛选和鉴定就显得尤为重要。

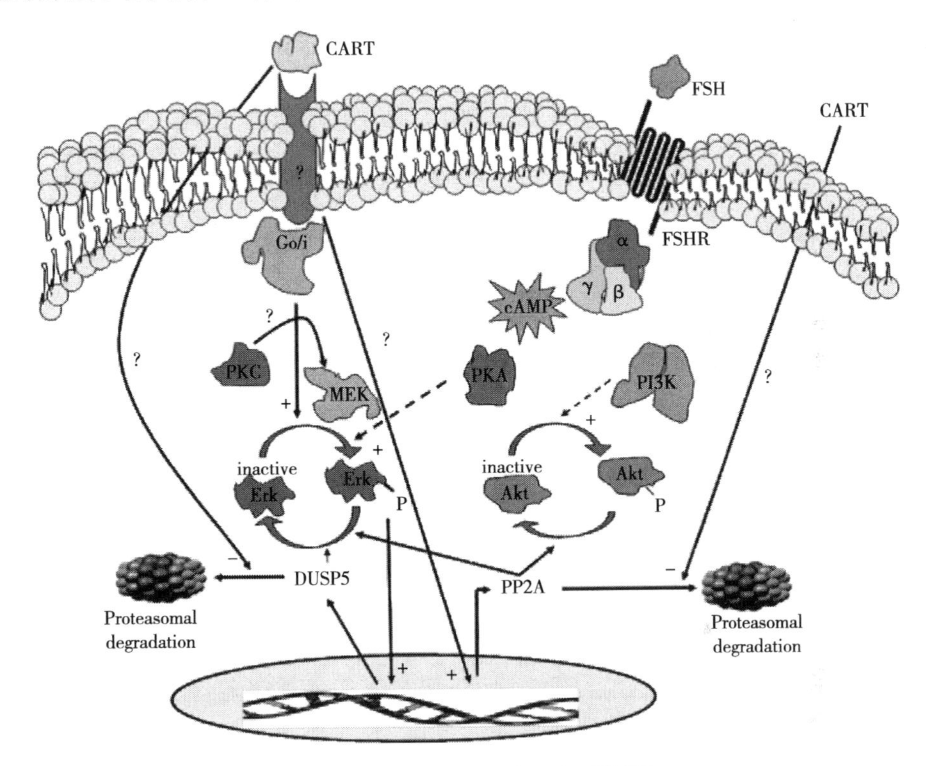

图1-1　牛卵泡CART作用机制模型

对CART受体筛选和鉴定已有大量研究，^{125}I-CART$_{62-102}$和小鼠垂体瘤细胞系AtT20能够特异性结合；CART$_{55-102}$能够与绿色荧光标记的下丘脑细胞结合；通过CART$_{55-102}$诱导细胞系AtT20细胞外信号调节激酶（Erk-1和Erk-2）激活后，发现该通路是通过GPCR家族介导的，AtT20细胞内存在一个明显的CART受体，这是对CART受体特异性结合的第一次证明。大脑中也存在CART受体，能够抑制电压依赖性细胞内Ca^{2+}浓度并诱导*c-fos*基因的表达；著者还通过分子互作技术，证明了下丘脑神经细胞膜碎片表面存在与CART$_{55-102}$相结合的膜蛋白。另外，有研究表明，CART$_{55-102}$和CART$_{62-102}$的相对效力不同，所以，可能存在多个CART受体。通过建立大鼠脑cDNA文库，以CART$_{41-102}$

为诱饵，应用细菌双杂交技术筛选与CART相互作用蛋白，经检测并未获得CART受体；通过$CART_{55-102}$细胞免疫结合试验表明，嗜铬细胞瘤PC12上存在密集的CART免疫，竞争性结合试验也证明，在低浓度范围内，$CART_{61-102}$、$CART_{55-102}$和^{125}I-$CART_{61-102}$以相似的亲和性与细胞膜结合。著者通过转录组测序及免疫亲和层析技术对CART相互作用蛋白进行了研究，经生物数据库、生物信息分析软件对CART及筛选出的GPCRs进行同源建模和分子对接，并对CART及其候选受体在牛DF和SF的表达量进行验证分析，筛选出TEDDM1、CMKLR1、AGTR2和ZMPSTE24 4个GPCRs作为CART的候选受体，并初步建立了CART相互作用蛋白网络。

第二章　牛*CART*启动子结构解析

启动子（promoter）是位于基因编码区5′UTR上游的一段DNA序列，通过与RNA聚合酶Ⅱ结合，保证转录精确、有效地起始。通常认为基因上游1 000 bp左右的DNA片段为该基因的启动子区，该区间存在大量作用元件，可大致分为2类，即上游启动元件和核心启动元件。上游启动元件可以增强或抑制基因转录，还能够响应外界环境胁迫，通常位于转录起始位点（transcription start site，TSS）上游100 bp～200 bp区间；核心启动元件即基因的核心启动子区，是调控结构基因正常转录起始所必需的、碱基数最少的DNA序列，一般位于TSS −30 bp～+20 bp区间（通常将TSS的A碱基设为+1）。核心启动子区内包含多种启动元件，这些元件由不同的序列基序组成，在多个物种间高度保守。TATA区（TATA box）位于真核基因TSS上游约30 bp处，能够决定转录起始位置，参与转录起始复合物的形成，介导上下游反应元件对基因转录的调控；CAAT区（CAAT box）一般位于TSS −110 bp～−80 bp区间，主要功能是调控转录起始频率，能够增强启动子活性；CpG岛是指GC碱基含量大于50%、长度超过200 bp的一段DNA序列，主要分布于基因的启动子区域和第一外显子区，CpG岛可通过甲基化和去甲基化对基因转录发挥重要调控作用。

启动子决定了真核生物基因表达的部位、水平和方式，是基因表达过程中重要的调控元件，深入研究启动子的活性和功能，对明确动物生长发育、疾病发生等生理机制具有重要意义。目前，启动子研究体系已较为成熟，由于启动子组成结构及功能复杂，故需要利用大量数据库或软件对其进行生物信息学分析，对核心启动区域、TSS、CpG岛及顺式作用元件位点进行预测，为后续进一步研究启动子功能提供参考。目前，常用的启动子结构分析及功能预测数据库有BDGP、EMBOSS、MethPrimer、JASPAR、TRANSFAC等。在初步了解明确启动子结构后的基础上，即可采用各种试验手段进行启动子功能分析，如片段缺失活性分析，常用于基因启动子核心区的判断，通过将启动子5′端逐段缺失片段构建到含有报告基因的表达载体上，并将载体转染至细胞中，分析报告基因表达活性，进而判断启动子的转录起始活性，确定核心启动子区；定点突变分析，通过构建包含基因突变启动子片段的重组载体，结合细胞转染技术，分析启动子突变前后转录起始活性，明确启动子的调节位点及其具体功能。

2.1 牛*CART*启动子序列扩增及结构分析

2.1.1 牛下丘脑基因组DNA提取

牛下丘脑组织来自山西省文水县肉牛屠宰场，选择3头健康、4～6岁的西门塔尔母牛，屠宰后采集下丘脑组织，灭菌DPBS洗涤2次后投入液氮中保存。

使用组织基因组DNA提取试剂盒（天根，北京）提取DNA，取适量牛下丘脑组织，液氮研磨后加入盛有200 μL GA缓冲液的离心管中，充分振荡至组织彻底悬浮；加入20 μL蛋白酶K，混匀后56 ℃静置1 h；加入200 μL GB缓冲液，混匀后70 ℃静置20 min；加入200 μL无水乙醇，振荡15 s，此时管内出现少量絮状沉淀；所得溶液及絮状沉淀移至吸附柱，室温12 000 r/min离心30 s，倒掉废液后将吸附柱放回收集管；加入500 μL GD缓冲液，室温12 000 r/min离心30 s，倒掉废液后将吸附柱放回收集管；加入600 μL漂洗液，室温12 000 r/min离心30 s，倒掉废液后将吸附柱放回收集管；重复漂洗1次后将吸附柱移入1.5 mL离心管，室温静置5 min，晾干吸附柱；吸附柱中间位置悬空滴加150 μL洗脱缓冲液，室温静置5 min，12 000 r/min离心2 min；重复过滤1次，所得溶液即为牛下丘脑基因组DNA，检测合格后用于后续PCR扩增。

2.1.2 牛*CART*启动子序列扩增

根据NCBI Nucleotide数据库中获取的牛*CART*（GenBank登录号：NM_001007820）起始密码子上下游序列，利用Primer Premier 5.0设计并合成特异性PCR扩增引物，引物序列见表2-1。

表2-1 启动子PCR扩增引物

名称	引物序列（5′-3′）
CART Promoter-F	GCCTCTAGGTAAGTGGGAAAACATCT
CART Promoter-R	GGTGCTGAAACTCGGCGC

配制20 μL PCR反应体系，反应程序：94 ℃预变性5 min；94 ℃变性30 s，60 ℃退火30 s，72 ℃延伸1 min，共35个循环；72 ℃最后延伸5 min。1%琼脂糖凝胶电泳检测可知，获得的扩增产物长度为1 222 bp，与预期目的片段大小一致，测序结果与NCBI数据库中序列比对正确，表明成功扩增获得牛*CART*启动子。

获得目的基因启动子的方法可以大致分为2类：①利用探针质粒载体筛选启动子，该方法是将经过限制性内切酶切割的DNA与不含启动子的报告基因载体相连接，使目的片段与报告基因上游相邻，随后将重组载体转化感受态细胞，构建基因文库并确定目的启动子片段的活性，主要用于未知序列的启动子，该技术在获得大量启动子的同时省去了引物设计的环节，但存在步骤烦琐、工作量大等缺点；②利用PCR技术扩增启动子，此方法适用于已知序列的启动子，根据数据库中获得的目的基因启动子序列设计特异性引物，利用PCR技术快速、简便地获得启动子，是目前使用较为广泛的方法。根据已有报道的牛*SIRT*4基因序列设计特异性引物，成功从牛脂肪细胞中克隆获得*SIRT*5 5′端区间为−239 bp～−18 bp的启动子片段；基于NCBI数据库中人*FOXL*2 mRNA序列设计上下游引物，以人类血液基因组DNA为模板，PCR扩增获得全长1 900 bp的启动子区间；利用BDGP在线数据库预测猪*LGALS*12基因的核心启动子区间，通过PCR技术获得5个截短启动子片段，并通过细胞试验证明该基因启动子具有脂肪细胞组织特异性。

2.1.3　牛*CART*启动子序列分析

2.1.3.1　牛*CART*启动子CpG岛预测

利用EMBOSS预测牛*CART*启动子区域的CpG岛，预测条件设定观察值/预期值>0.60，GC含量>50%，长度>200 bp。结果发现1个CpG岛，位于962 bp～1 166 bp处（−239 bp～−35 bp），长度为205 bp（图2-1-a）；使用MethPrimer在线预测软件在默认条件下进行检索，结果发现1个CpG岛，位于962 bp～1 166 bp处（−239 bp～−35 bp），长度为205 bp（图2-1-b）。上述2个在线分析软件预测结果一致，预测结果均符合CpG岛特征条件，即长度大于200 bp，且GC含量>50%。

2.1.3.2　牛*CART*启动子顺式作用元件预测

使用New PLACE数据库对牛*CART*启动子序列结构进行分析，预测得到2个TATA box，分别位于TSS上游-28 bp～-21 bp和-846 bp～-840 bp处；8个CAAT box，分别位于-147 bp～-142 bp、-809 bp～-806 bp、-868 bp～-865 bp、-896 bp～-892 bp、-1 046 bp～-1 043 bp、-1 087 bp～-1 082 bp、-1 121 bp～-1 118 bp和-1 166 bp～-1 162 bp处；1个GATA motif，位于-629 bp～-620 bp处；1个G box，位于-664 bp～-655 bp处；2个GC box，其中，1个GC box位于-153 bp～-148 bp处，且与CAAT box相邻，另1个位于-854 bp～-850 bp处（图2-2）。

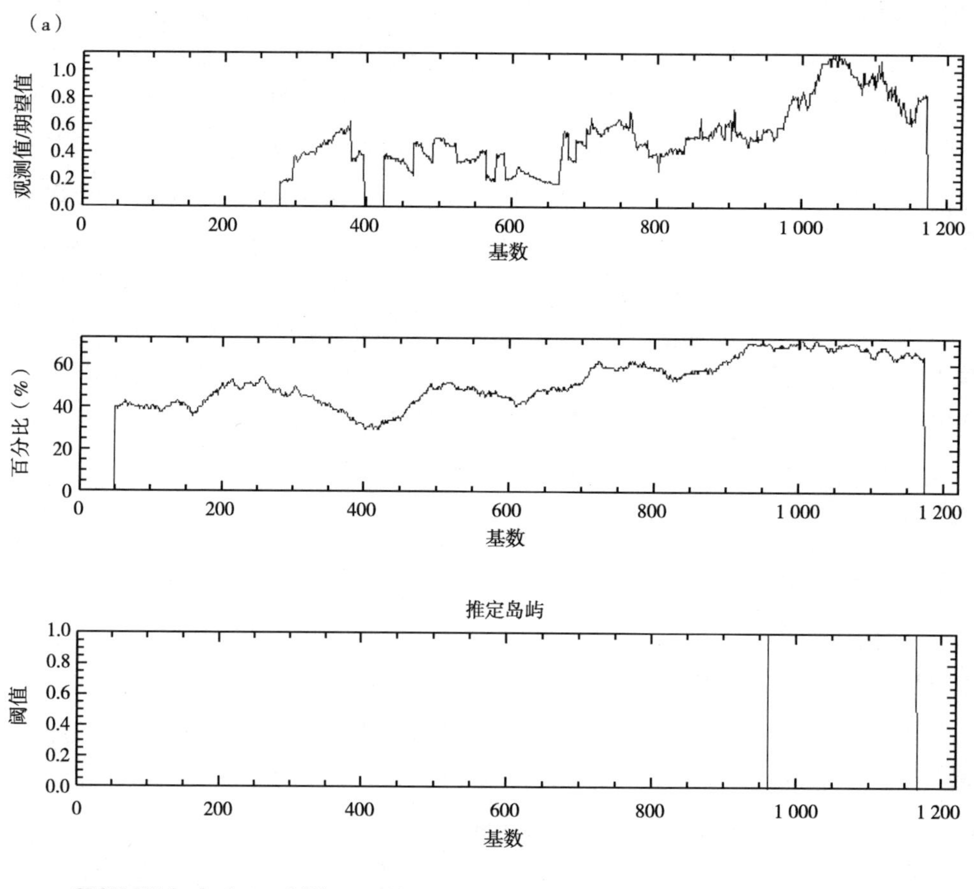

图2-1　牛*CART*启动子CpG岛的预测

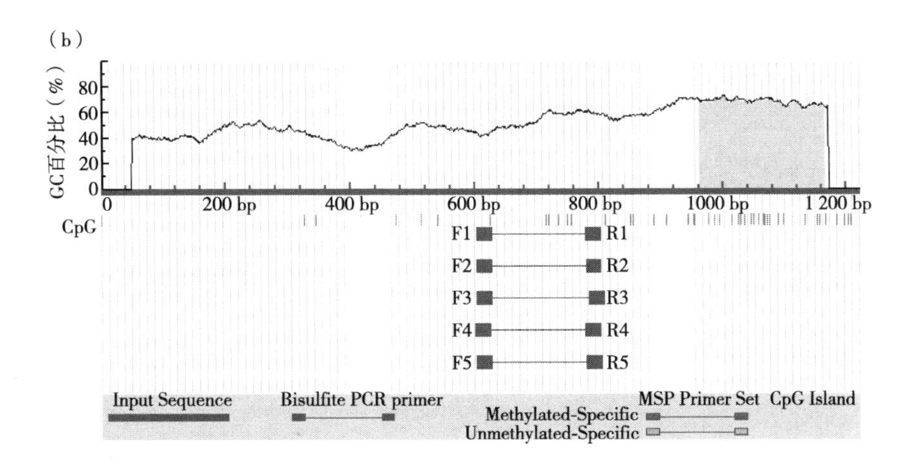

Sequence Length：1 222

CpG island prediction results

(Criteria used：Island size > 100，GCPercent > 50.0，Obs/Exp > 0.6)

1 CpG island(s)were found in your sequence

	Size	(Start - End)
Island 1	205 bp	(962- 1 166)

图2-1　（续）

```
                                                     CAAT box
–1 200 GCCTCTAGGT AAGTGGGAAA ACATCTCCTA TAGGAATTGC ATTTCCATTT ATACTGTAGG AACTCCAGTC
                  CAAT box                                      CAAT box
–1 130 TCTGAAAAAA TTGTCTTCTG CAGTCACTGA GGACCTGGCT CACCATTGAC TTTTGATCTT TGAAGATAAC
                        CAAT box
–1 060 TCCATAATTA GGTTATTGCA TTTTCCCCAC CCTCTTTGCT TTCTCTCTAG TCAGACTTCT TAGATTTCAG

  –990 GGGTGGGCAG TGGGTAGGAG GGGTTCCAAG GATGGCTGCA TTTGACCTGA GGAAAAACTG AGATACTGCC
                                   CAAT box                           CAAT box       GC box
  –920 CACAGTCACT TATCTGGTCA GCCTCAAATT TCAAAGGAAA GGCTTGGCGC TAATTGTGCT AAGGGCCGGG
            TATA box                                       CAAT box
  –850 GGTTTTATAT ACCTAATCTA TCATTCCATT CTCTTGAAAA CATTGTGAGG TACATTTTAA AATTCCACTT

  –780 TTCCAAAACA AAACAAAAAA TGGGGGAGGA TCAGATATGT TTTTCATTTT GCCCGAAGTC ACACAGTTTG
                                                               G box
  –710 TAAGGGTAGA GCCAGGACTG AAGCCGGAAT CTGGCTCCCT ACACTCTCCA CGTAGCTGCT GAGTTGGGAT
                  GATA motif
  –640 TAGTCTATTT TCCTTTTCCT TCTCATTACC ACACAGACTC CATCAAAGAA CCCAGTAGGA GGAAGGCCGT

  –570 GATTTCTCTC TCTCTCTCTC TCTTTTTTTA TGGACTGTAT TTGCCTCCCC TCCACCACAG AGTGCCTAGT

  –500 AAGGTGCTCA GCAAACGTTC GTGCCTGGAG GCAACACCGT CTTCCTGGTG CCGCAAACGG GGCTGGGGTA

  –430 AGGAGTAAGG CAGTGCTGTG AGATGGATCC TGCTACTCCC TCGGCTGCTA GGTGATGGGG AGGGATACTT

  –360 CAGTCTGTGC CTCGACTCGA AGGCATTTTC CATTTCCTAG TCCCCTCCCG CTCTCCATCC CTCACCTCTC

  –290 GCCCCTGGAC TTCAGCTCAG GCCCCTAGGG GAGCGTCCCT TGCCGCGGGG CTGACAGCAC TTGGGGGCGC
                                                                                     GC box
  –220 AGGGTCCCGG TTCTCCGAGC TCTTGCCCAT CTGTGCGCAG AACCTCGTTC CGGGGCGCCT GGAGCCCGGC
          CAAT box
  –150 GGGCATTGAC GTCAAGCGGC GGCGAAGCGC TGCCTACAGA CGGTTGACCC GGACCCTCCT CCACACCCCC
                                                                     TATA box
   –80 TTCCTTCCTT CATCGCCCCC TCCTTCTTCC CTGCGCCCCG GCTCAGGCTC GCTATAAAAG GTGGGAGCGC
                  +1                          +23
   –10 AGGGTGCCCG AGTAGCGCCG AGTTTCAGCA CCATGGAGAG CCCCCGTCTG CGCCTGCTGC CCCTCCTGGG
```

图2-2　牛*CART*启动子区域结构分析

碱基含量分析结果显示，牛*CART*启动子序列中G含量为24.39%，C含量为28.07%，A含量为20.95%，T含量为26.60%。BDGP在线分析牛*CART*启动子序列，预测发现2个TSS，可能的TSS均为A碱基，评分分别为0.96和0.99，位于起始密码子AUG上游的第735个和第22个核苷酸处（表2-2）。

表2-2　牛*CART*启动子TSS预测

活性区域	区域特点			
	起始点	终止点	启动子序列（5′-3′）	分数（0~1）
1	−775 bp	−725 bp	AAACAAAACAAAAAATGGGGGAGG ATCAGATATGTTTTTCATTTTGCCCG	0.96
2	−40 bp	+10 bp	GCTCAGGCTCGCTATAAAAGGTGGG AGCGCAGGGTGCCCGAGTAGCGCCG	0.99

差异基因表达影响着细胞发育、分化、死亡等多种生物学过程，研究基因表达调控规律对探究细胞的生物学功能至关重要。启动子是基因转录调控过程中的关键因素，决定着基因转录起始的时间和位置，明确启动子的特征是研究基因表达调控机制的前提和基础。启动子区域内存在的上游启动元件是协助启动子发挥转录调控功能的重要工具，转录起始主要依赖DNA—蛋白质或蛋白质—蛋白质的相互作用影响RNA聚合酶及其他辅助因子的活性，进而对基因表达发挥调控作用。目前，运用生物信息学分析方法对目的基因启动子序列的结构、转录起始位点及主要调控元件等进行基本预测是常用方法。本研究设计引物并成功从牛下丘脑组织中扩增出全长1 222 bp的启动子区域，利用EMBOSS、MethPrimer、BDGP、New PLACE等多个在线数据库对牛*CART*基因启动子区域进行初步生物信息学分析，明确了该启动子区域内存在1个CpG岛，位于TSS上游−239 bp ~ −35 bp区间，目前已有大量研究证实DNA甲基化存在于所有高等生物中，且在基因表达调控中发挥重要作用。真核生物中DNA甲基化主要发生在CpG岛，该区域的甲基化CpG密度直接关系到基因的转录活性，因此推测*CART*启动子−239 bp ~ −35 bp区间的甲基化能够在转录水平调控牛*CART*表达。此外，本研究还预测到牛*CART*启动子区域内存在包括TATA box在内的多种顺式作用元件，表明该区域具有基本的基因转录起始功能，后续可通过试验手段进一步揭示这些作用元件在牛*CART*转录过程中的调控作用，有助于全面了解CART表达调控的分子机制及途径，为牛CART的功能研究提供参考。

2.2　牛*CART*启动子截短片段活性分析

启动子截短试验是筛选启动子核心活性区域的常用方法，利用生物信息学技术对启动子序列顺式作用元件进行预测分析，设计5′端逐段缺失的目的基因启动子片段并插入到萤火虫荧光素酶报告基因载体中构建重组质粒，目的基因启动子将调控萤火虫荧光素酶表达，以海肾荧光素酶报告基因作为内参基因，将2种质粒共转染模式细胞，待荧光素酶充分表达后裂解细胞，萤火虫荧光素酶底物能够催化裂解产物中的萤火虫荧光素酶发出波长为550～570 nm的黄绿色光；腔肠素则催化海肾荧光素酶发出波长为465 nm的蓝色光。通过比较双荧光素酶活性，即可确定启动子片段的启动强度，进而筛选目的基因的核心启动子区域。由于双荧光素酶报告基因试验具有试验周期短、灵敏度高、可定量等优点，现已被广泛应用于启动子结构分析、转录因子与启动子相互作用分析、miRNA与靶基因靶向互作分析等研究中。研究人员成功构建6个猪白细胞介素（IL-10）5′端缺失启动子双荧光素酶报告基因载体，确定了启动子最小活性片段为−605 bp～+19 bp，且在受到脂多糖刺激后该片段的转录起始活性显著升高；从人血液基因组DNA中扩增获得三叶因子3（TFF3）上游1 826 bp的片段，设计8个截短片段并利用双荧光素酶报告基因试验确定其维持基本转录活性所需的最小序列位于−300 bp～−280 bp；研究人员扩增获得鸭视黄酸诱导基因Ⅰ（RIG-Ⅰ）上游2 024 bp的启动子序列，通过启动子截短试验发现RIG-Ⅰ −250 bp～−229 bp区间的转录起始活性显著高于其他区域，而较该片段更长的区域双荧光素酶活性较低，表明−2 024 bp～−250 bp区间存在转录抑制元件。

本试验选用pGL3-Basic载体作为萤火虫荧光素酶报告基因载体，该载体本身不具有启动子，因此，试验组中萤火虫荧光素酶活性完全取决于插入的目的基因启动子活性。选用带有SV40强启动子的pGL3-Control载体作为阳性对照；海肾荧光素酶报告基因载体选用带有HSV-TK启动子的pRL-TK载体，HSV-TK启动子的启动活性较弱，能够降低试验过程中因细胞数量、细胞状态和裂解效率等造成的误差，使得结果更加精确可靠。目前，对*CART*基因研究主要集中在与禁食、神经类药物、激素等与基因表达的相关性及CART在动物体内的代谢调控机制。目前，虽已成功克隆出包括人、大鼠、小鼠、猪等多个物种的*CART*基因启动子，但对于牛*CART*启动子的结果及转录调节机制研究尚未见报道。研究人员利用GH3细胞株进行双荧光素酶报告基因试验，分析猪*CART*启动子4个截短片段的转录起始活性，最终确定−217 bp～+152 bp区间为猪*CART*核心启动子区。本研究构建4个牛*CART*启动子截短片段，经双荧光素酶报告基因试验检测各个片段的相对荧光活性，结果显示，pGL-314的相对荧光活性显著高于其他质粒，表明−292 bp～+22 bp区间是牛*CART*核心启动子区；此外，本研究发现牛*CART*−475 bp～−292 bp区间内基因转录活性显著降低，认为该区域可能存在基因转录抑制位点。

2.2.1 重组载体的构建

2.2.1.1 目的片段的获取与连接

根据生信分析结果中各类顺式作用元件所在位置对*CART*启动子序列5′端进行截短，分别选取−292 bp～+22 bp、−475 bp～+22 bp、−805 bp～+22 bp和−1 200 bp～+22 bp作为插入序列（插入片段全长分别为314 bp、497 bp、827 bp和1 222 bp，见图2-3），并在序列两段分别设计*Kpn* I和*Sma* I酶切位点，交由上海吉玛制药技术有限公司合成。

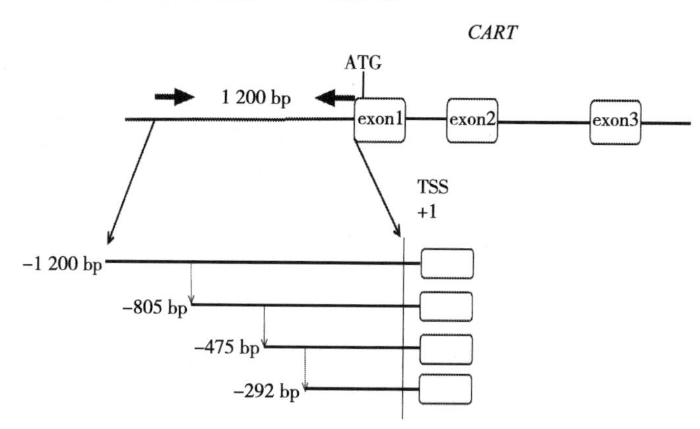

图2-3 牛*CART*基因5′端缺失启动子片段示意图

分别将DNA oligo稀释至100 μmol/L，PCR仪进行退火处理。反应体系：DNA oligo 5 μL，DNA annealing buffer 5 μL，ddH_2O 40 μL；反应条件：95 ℃ 5 min，85 ℃ 5 min，75 ℃ 5 min，70 ℃ 5 min。PCR获得的dsDNA稀释至200 nmol/L，用于后续连接反应。

选取pGL3-Basic、pGL3-Control萤火虫荧光素酶报告基因载体和pRL-TK海肾荧光素酶报告基因载体，作为主要报告因子和对照报告因子，载体图谱信息见图2-4。

构建酶切反应体系，37 ℃反应2 h，取5 μL反应液进行琼脂糖凝胶电泳并回收分离纯化后的酶切产物；将酶切后的载体与启动子片段在22 ℃连接2 h，4 ℃暂存，获得的重组载体分别命名为pGL3-314、pGL3-497、pGL3-827、pGL3-1222。

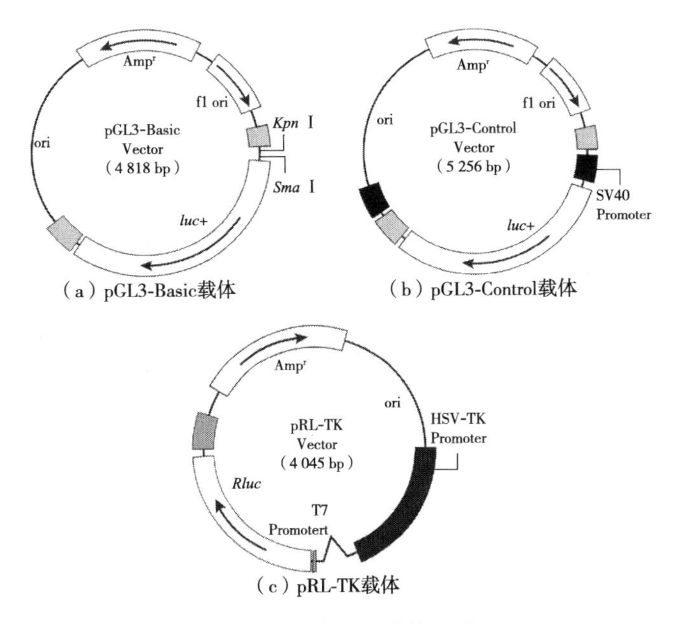

（a）pGL3-Basic载体　（b）pGL3-Control载体

（c）pRL-TK载体

图2-4　报告基因载体图谱

2.2.1.2　连接产物转化及蓝白斑筛选

LB固体培养基混合液灭菌、冷却后，加入浓度为50 mg/mL的卡那霉素溶液（每1 mL培养基添加1 μL），混匀，加20 mL培养基于10 cm培养皿中；培养基表面滴加40 μL X-gal和7 μL IPTG，涂抹均匀，37 ℃静置3 h；取50 μL感受态细胞，冰上解冻，添加5 μL重组产物，冰上放置30 min，42 ℃水浴30 s，随后迅速移至冰上放置3 min；离心管中加入800 μL无氨苄青霉素溶液的LB液体培养基上，220 r/min 37 ℃的恒温摇床培养45 min；取200 μL感受态细胞液涂布于培养基上，37 ℃培养箱中培养30 min，待液体渗入培养基后倒置培养10 h；观察平板上的蓝白菌落，挑取多个单一白色菌落，分别置于离心管，220 r/min 37 ℃恒温摇床培养16 h；取200 μL菌液送生工生物工程（上海）股份有限公司测序，剩余菌液用甘油保存。重组质粒测序后进行序列比对，确定插入序列与牛*CART*启动子区域序列一致，测序结果见图2-5，表明目的片段与pGL3-Basic载体连接成功。

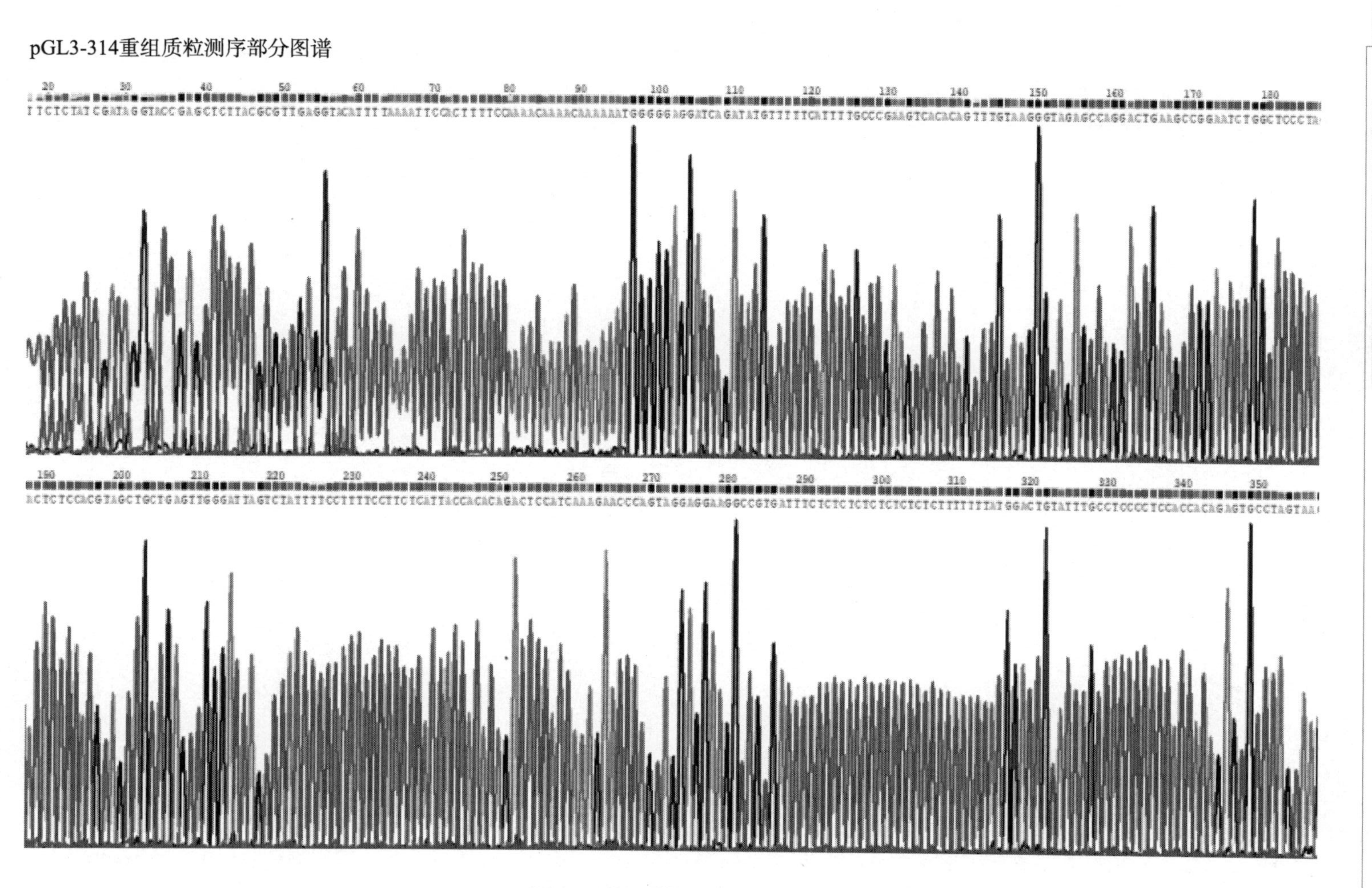

图2-5 重组质粒测序部分图谱

pGL3-497重组质粒测序部分图谱

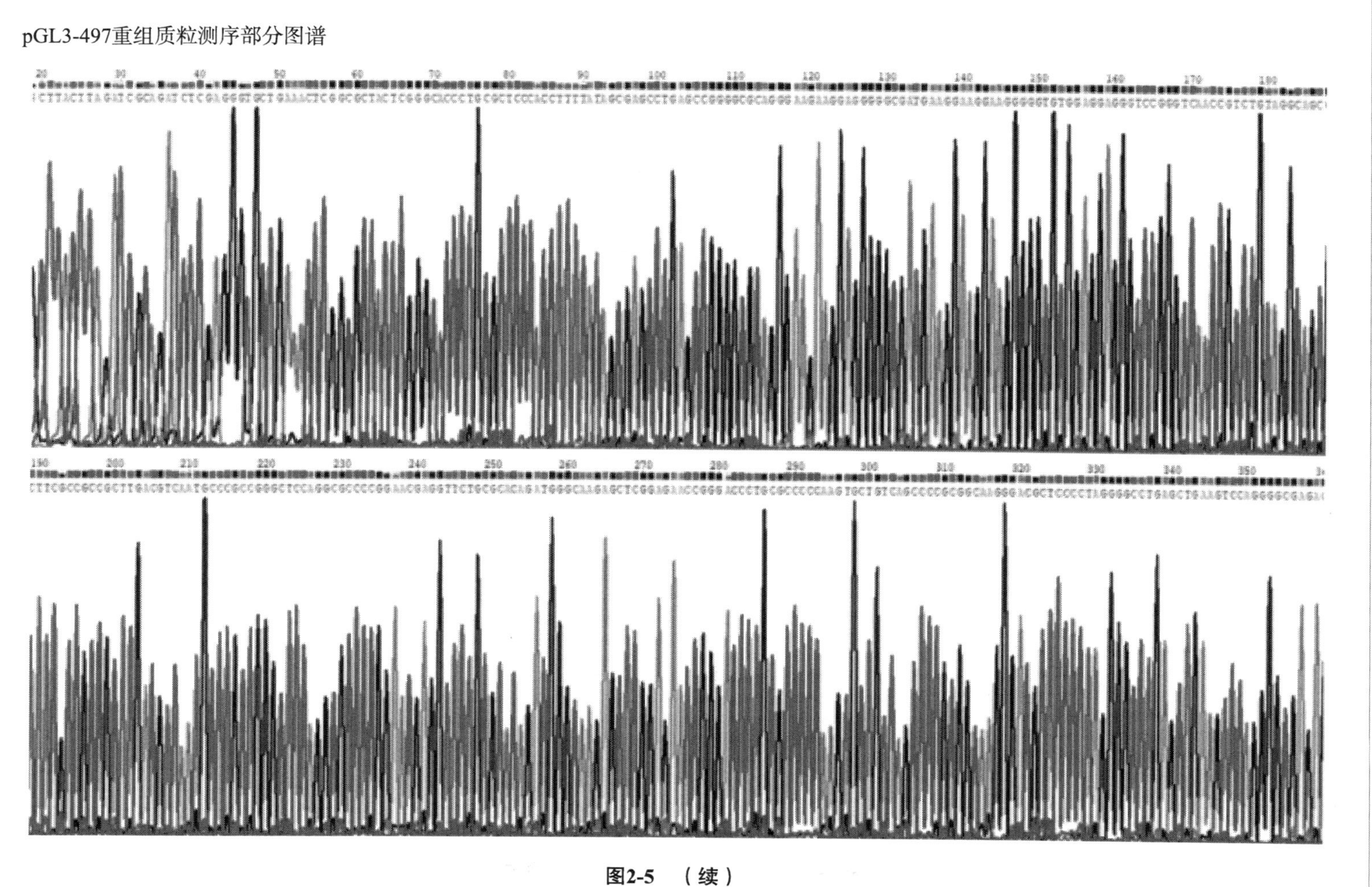

图2-5 （续）

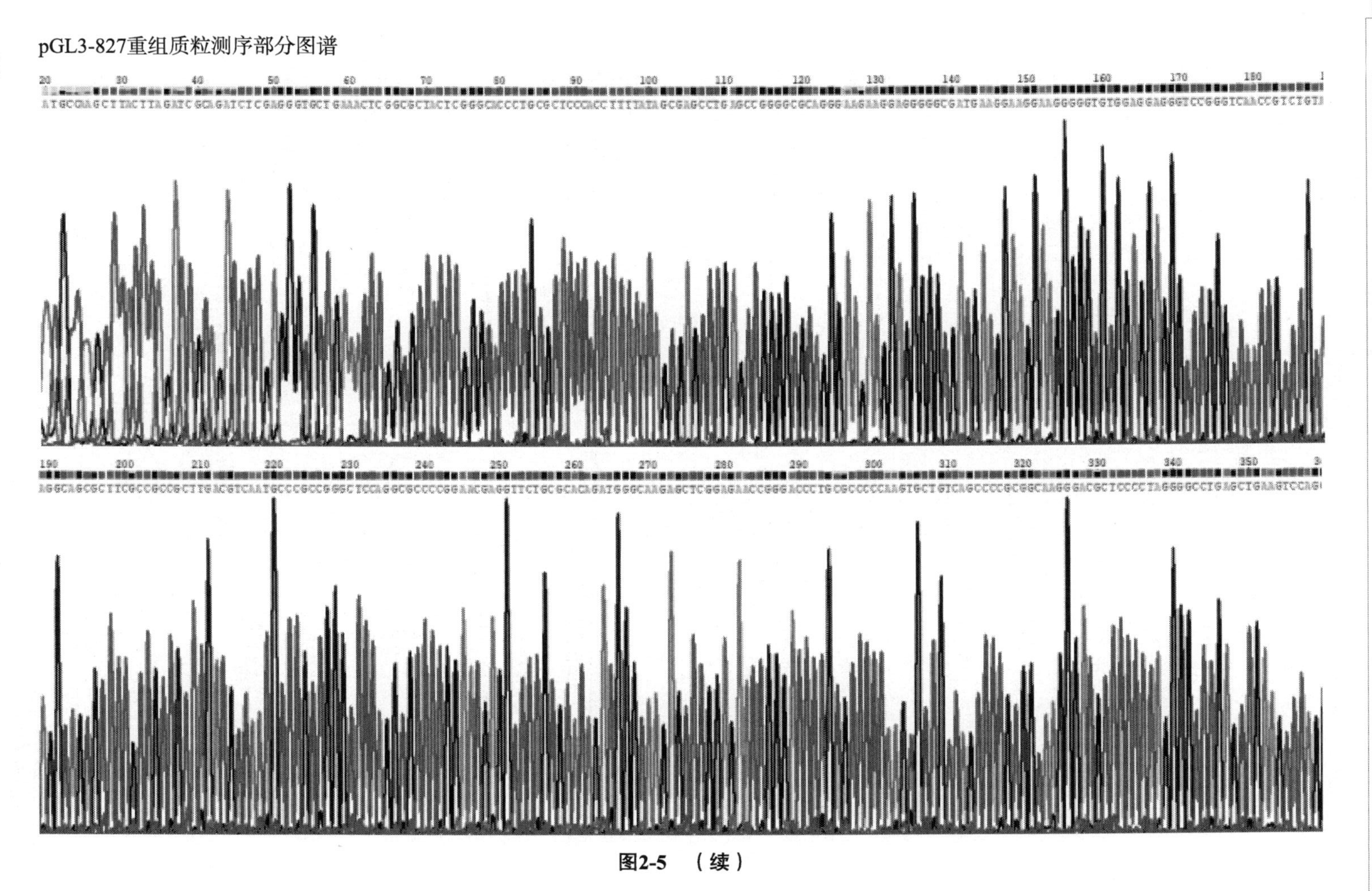

图2-5 （续）

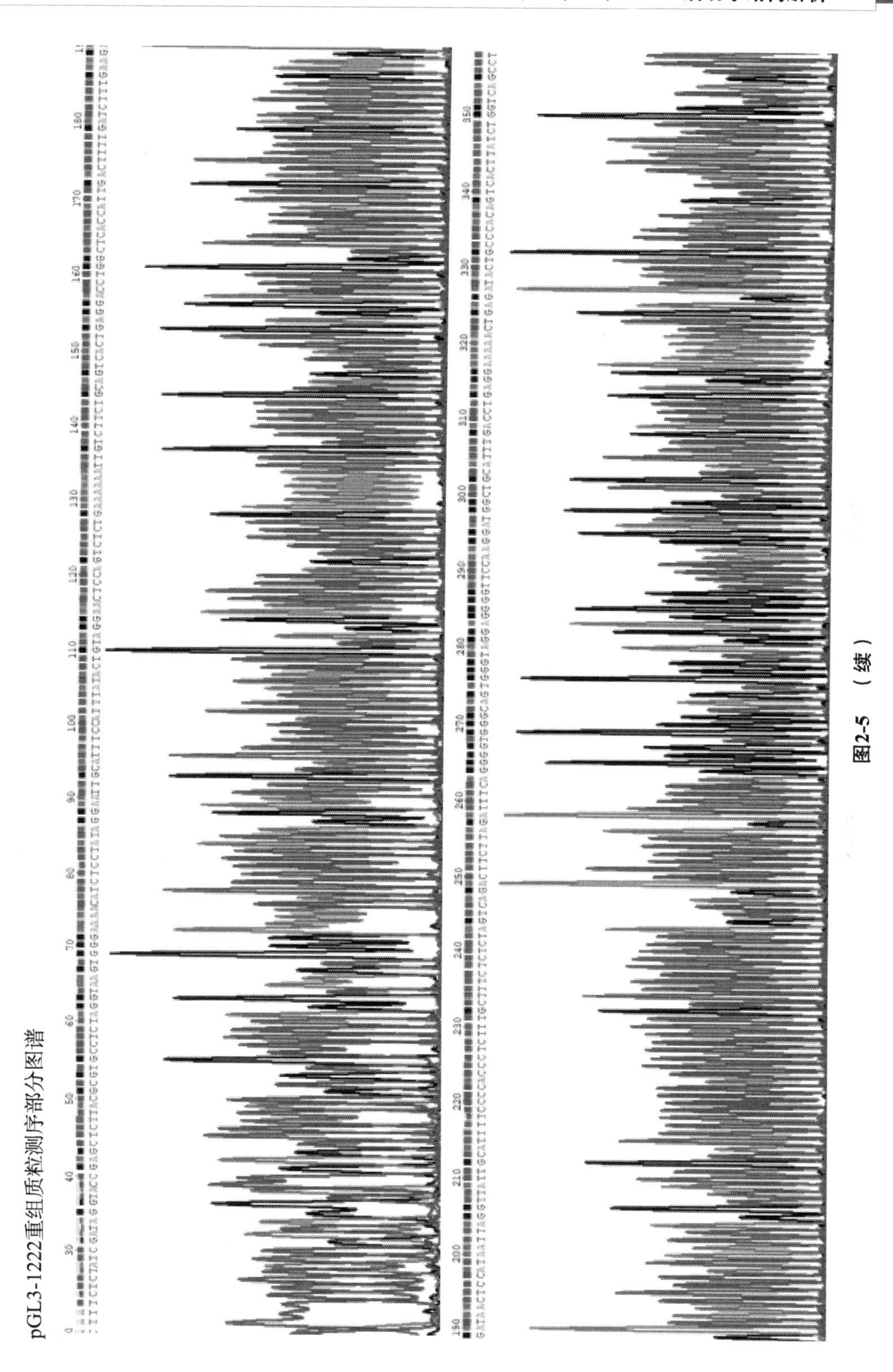
pGL3-1222重组质粒测序部分图谱

图2-5 （续）

2.2.2 牛*CART*截短启动子片段活性分析

2.2.2.1 质粒稀释及试验分组

质粒稀释：DEPC水分别稀释pGL3-Control、pGL3-Basic、pGL3-314、pGL3-497、pGL3-827和pGL3-1222质粒至0.1 μg/μL备用，稀释pRL-TK质粒至0.01 μg/μL备用。

试验分组：试验组，pGL3-314+pRL-TK、pGL3-497+pRL-TK、pGL3-827+pRL-TK和pGL3-1222+pRL-TK；阳性对照组，pGL3-Control+pRL-TK；阴性对照组，pGL3-Basic+pRL-TK。每组设置3次重复。

2.2.2.2 双荧光素酶报告基因活性检测

待24孔板内细胞密度为70%～80%时进行转染，将8 μL pGL3系列质粒、2 μL pRL-TK质粒与50 μL DMEM培养基混匀，室温静置孵育5 min；将2.4 μL TransIntro™ EL转染试剂与50 μL DMEM培养基混匀，室温静置孵育5 min；将稀释好的质粒和转染试剂混合，室温静置孵育20 min，换液清洗；每孔分别加入500 μL RPMI-1640培养基及各组对应的转染混合物；37 ℃ 5% CO_2培养箱中温育5 h，吸净转染液，加入500 μL完全培养液继续培养48 h，换液清洗；每孔加入200 μL报告基因细胞裂解液，充分裂解30 min，离心收集上清液；取50 μL上清液于黑色酶标板，加100 μL萤火虫荧光素酶检测液，560 nm波长下检测荧光活性；加入100 μL预先配制好的海肾荧光素酶检测工作液，465 nm波长下检测荧光活性。2次测定结果的比值为最终试验结果。

双荧光素酶报告基因结果显示（图2-6），阳性对照pGL3-Control+pRL-TK组相对荧光活性极显著高于其他组（P<0.01），表明本次试验中细胞转染效率处于正常水平；与对照组相比，pGL3-314+pRL-TK组相对荧光活性极显著高于阴性对照pGL3-Basic+pRL-TK组（P<0.01）；与试验组相比，pGL3-314+pRL-TK组相对荧光活性显著高于pGL3-497+pRL-TK组，表明pGL3-314具有核心启动子活性；pGL3-1222+pRL-TK组与pGL3-497+pRL-TK组和pGL3-827+pRL-TK组间相对荧光活性无显著差异（P>0.05）。上述结果表明，在牛*CART*基因启动子区−292 bp～+22 bp区间可能包含激活基因转录的正向调控元件，从而提高−292 bp～+22 bp区间的转录起始活性，使得pGL3-314的相对荧光活性升高；−475 bp～−292 bp区间可能包含抑制基因转录的负向调控元件，从而降低−475 bp～−292 bp区间的转录起始活性，使得pGL3-497的相对荧光活性减少。

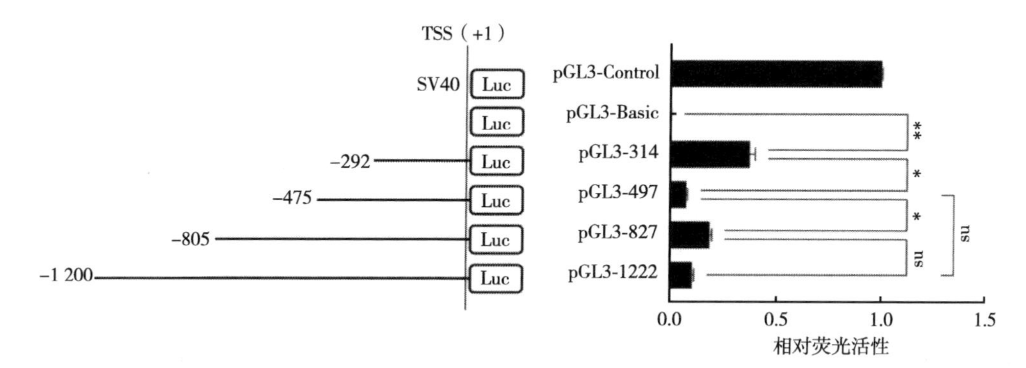

图2-6　牛*CART* 5′端缺失启动子片段相对荧光活性检测

（**代表P<0.01，*表示P<0.05，ns表示P>0.05）

通过检测分析，成功扩增获得牛*CART*启动子区，对*CART*启动子基本结构进行生物信息学特征分析，确定*CART*启动子区域TSS、CpG岛及TATA box、CAAT box、GATA motif、G box和GC box多种顺式作用元件的位点。成功构建4个牛*CART*启动子截短双荧光素酶报告基因载体，并证明*CART*启动子−292 bp ~ +22 bp区间具有极高的转录起始活性，−475 bp ~ −22 bp区间转录起始活性较低，明确了牛*CART*核心启动子区及转录抑制区，为后续转录因子的筛选奠定基础。

第三章 牛*CART*核心启动子区转录因子筛选及功能验证

目前，已成功分离获得多个物种的*CART*启动子片段。人*CART*启动子TSS上游存在多个多态性位点，-156 bp处基因突变与人类肥胖遗传相关。小鼠*CART*近端启动子中存在cAMP反应元件（cAMP response element，CRE）等多种顺式作用元件，且*CART*启动子-320 bp～+1 bp区间在小鼠与人之间的同源性高达83%；从大鼠脑垂体细胞GH3中可分离获得*CART* TSS上游1 167 bp的DNA片段，序列比对结果显示该区域靠近TSS长度为189 bp的片段与小鼠*CART* 5′端前189 bp片段高度同源。真核生物基因表达是一个高度协调、极度复杂的过程，在DNA水平、转录水平、转录后修饰、翻译水平及翻译后修饰等多个阶段均受到严格调控，与其他过程相比，细胞在转录水平对基因表达的调控最为经济有效，而该过程中转录因子的影响占主导地位。

转录调控属于基因表达的上游调控，转录因子（transcription factor，TF）参与机体中包括胚胎发育、免疫应答、细胞分化及肿瘤发生在内的多种生物学过程，目前已知，一个转录因子可以调控多种基因的转录，一种基因的转录也需要依赖几种不同的转录因子协同作用。伏隔核是大脑中与药物成瘾相关的区域，给予可卡因刺激后，大鼠伏隔核中CART和CRE结合蛋白（CREB）的表达均显著增加，为探究二者互作关系，研究人员在大鼠伏隔核中过表达*CREB*，结果显示，*CART* mRNA和CART水平均显著升高，生信预测发现*CART*近端启动子区域内存在*CREB*结合位点，经ChIP证明*CREB*能够直接结合该位点，激活*CART*转录，因此，认为*CREB*可通过调控*CART*转录，影响大鼠对可卡因的药物依赖。人类间歇性缺氧会导致神经细胞中*CART* mRNA表达升高，启动子截短试验确定了*CART*启动子-950 bp～-929 bp是对缺氧损伤进行应答的关键区域，且该区域内存在2个GATA结合蛋白（GATA binding protein）序列，qRT-PCR检测发现在间歇性缺氧处理后的神经细胞中*GATA*2 mRNA和*GATA*3 mRNA表达量均显著提高；深入研究发现上述2个转录因子的siRNA能够消除间歇性缺氧诱导的*CART* mRNA表达上调，表明间歇性缺氧对

CART mRNA表达的调控依赖于GATA2和GATA3的转录激活作用。神经细胞限制性沉默元件（neuron-restrictive silencer factor，NRSF）是一类转录抑制因子，已有研究表明人类*CART*启动子和内含子区域中各存在一个NRSF结合位点（NRSE），体外试验结果显示，NRSF可直接与这2个位点相互作用，ChIP进一步证实NRSF通过招募辅阻遏物复合物抑制HeLa细胞*CART*转录，该结论揭示了*CART*转录抑制调控的双NRSE机制，为脑损伤研究提供新的治疗靶点。

3.1 牛*CART*核心启动子区转录因子垂钓

转录因子也称反式作用因子，通过与基因5′端启动子区域内的顺式作用元件结合影响基因转录起始，是能够调控目的基因在特定时间与空间内以特定强度进行表达的一类蛋白质，根据其功能特性不同，可分为通用转录因子（general transcription factor，GTF）和组织细胞特异性转录因子。真核生物GTF包括TFⅡA、TFⅡB、TFⅡD、TFⅡE、TFⅡF和TFⅡH；在基因转录起始阶段，TFⅡD与启动子上的TATA区结合，随后RNA聚合酶Ⅱ、TFⅡA、TFⅡB等依次加入，在TFⅡF的协助下，RNA聚合酶Ⅱ结合到DNA链上，上述结构与TFⅡE、TFⅡH共同组成封闭的转录前起始复合物（pre-initiation complex，PIC）；随着DNA解链形成开链复合物，RNA聚合酶Ⅱ上的C端结构域磷酸化形成延伸复合物，在转录延伸因子P-TEFb的作用下，转录由起始过渡到延伸阶段（图3-1）。转录因子从结构上可划分为DNA结合区、寡聚化位点、转录调控区及细胞核定位区，这些区域决定了转录因子的具体功能：①DNA结合区，转录因子中能够识别并与目的基因结合的氨基酸序列，同类型转录因子的DNA结合区氨基酸序列较为保守，常见的有螺旋—环—螺旋、碱性—亮氨酸拉链和锌指3种结构；②寡聚化位点，能够使转录因子之间相互聚合的结构域，各类转录因子的特异性及转录因子与顺式作用元件的结合均受该位点影响；③转录调控区，是转录因子发挥具体转录调控功能的关键区域，包括转录激活区和转录抑制区；④细胞核定位区，转录因子在细胞质中合成后需要转入细胞核内行使其生物学功能，该过程需要核定位区的调控。

染色质重塑

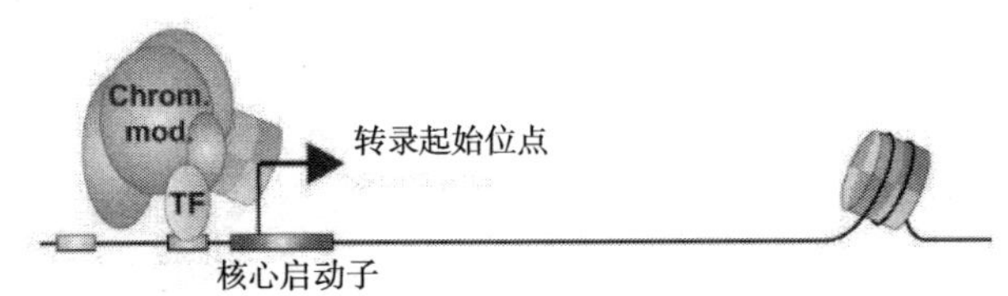

起始前复合物形成

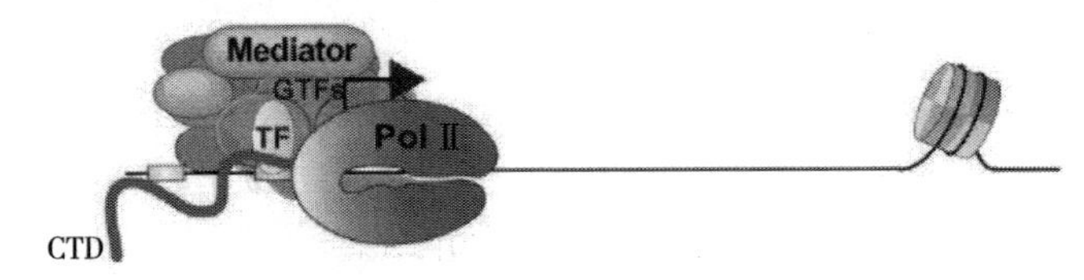

转录起始

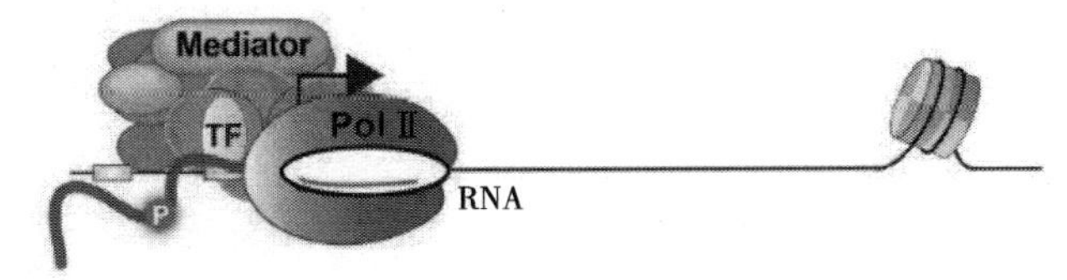

启动子逃逸并暂停

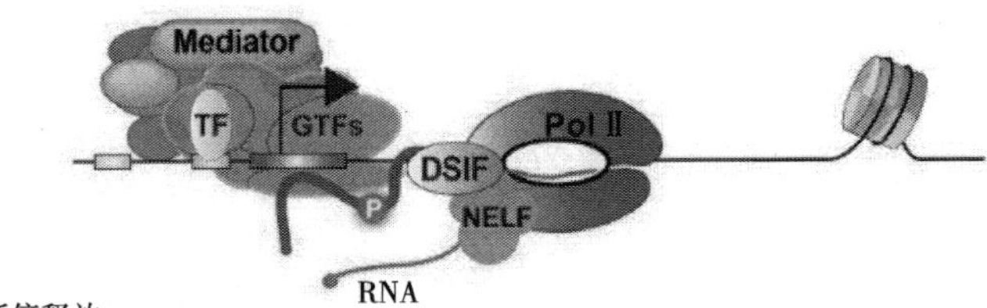

暂停释放

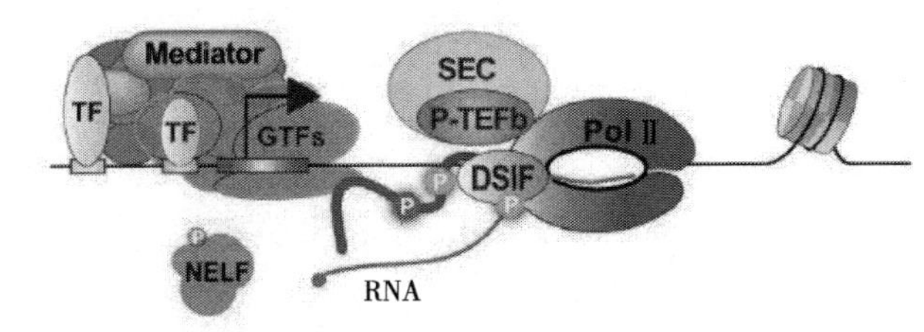

生产性延伸

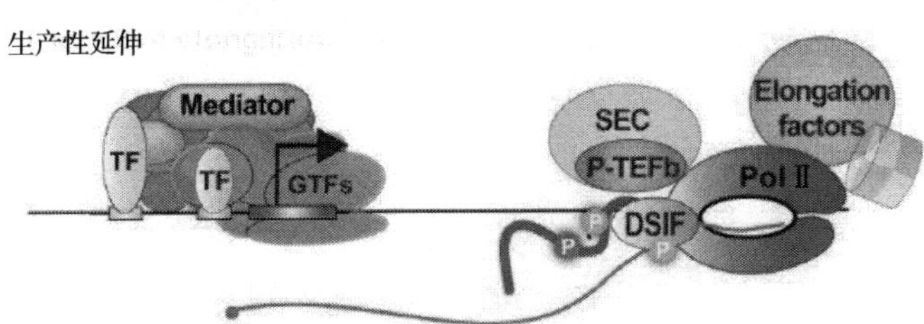

图3-1　真核生物基因转录起始过程

启动子区域的调控序列与转录因子相互识别并结合，进而影响下游基因的表达。分析参与调控转录的转录因子是研究基因转录调控的关键步骤，基于DNA与蛋白质之间相互作用特性，目前，常用于研究DNA序列与蛋白质结合的方法有以下3种：①染色质免疫共沉淀（chromation immunoprecipitation，ChIP），指在活细胞状态下，使用甲醛固定蛋白质与DNA相互交联形成的复合物，再利用微球菌核酸酶将其随机切割成具有一定长度的染色质片段，使复合物片段沉淀后解除蛋白质与DNA的交联，分离纯化后进行鉴定，获得二者间相互作用信息；②DNase Ⅰ足迹法（DNase Ⅰ footprinting），该技术常与EMSA联用，是一种能够精确定位蛋白质在DNA上特异性结合位点的方法，经单链末端标记的DNA序列与转录因子特异性结合后能够免受DNase Ⅰ的催化水解，因而在凝胶电泳后的放射性自显影图谱上没有放射性标记，产生间断的“足迹”，对该区域进行测序分析后即可获得结合区核苷酸序列信息；③DNA pull down，其原理将目标区域DNA片段进行脱硫生物素标记，标记片段与链霉亲和素磁珠结合后，与细胞核提取物共孵育，经洗脱去除未与目的DNA结合的非特异性蛋白，链霉亲和素洗脱液再次洗脱获得特异性结合蛋白，运用质谱鉴定技术获得转录因子信息。

ChIP、DNase Ⅰ足迹等方法主要用于已知蛋白与目的基因结合的检测，而DNA pull down可用于识别能够结合特定基因启动子的未知蛋白，具有简便、高效、可靠性高等优点。对于一些在细胞总蛋白中含量较少的特异性结合蛋白，还可通过增大细胞核提取物浓度、增加洗脱次数或延长孵育结合时间等手段使探针上所结合的蛋白量满足后续质谱检测要求，这使得DNA pull down广泛应用于转录因子相关研究。

3.1.1　牛下丘脑核蛋白提取

使用DNA pull down试剂盒（Bersinbio，广州）提取，取0.4 g牛下丘脑组织，液氮研磨后置于盛有2 mL预冷buffer 1、20 μL protease inhibitor和20 μL DTT的离心管中，剧烈振荡10 s，冰浴10 min；4 ℃，1 500 × *g*离心5 min，弃上清，加入900 μL预冷buffer 2、9 μL protease inhibitor和9 μL DTT；4 ℃，16 000 × *g*离心10 min，弃沉淀，上清液即为下丘脑核蛋白提取液；Bradford法测定核蛋白样品中的蛋白浓度，以BSA标准物浓度为横坐标，光密度（optical density，OD）值为纵坐标绘制标准曲线；经计算，核蛋白样品浓度为747.5 μg/μL，可用于后续试验；核蛋白提取液分装标记，取100 μL样品标记为Input，液氮速冻后-80 ℃暂存。

3.1.2 转录因子特异性结合

3.1.2.1 探针-磁珠的制备

目的探针及NC探针均由Bersinbio公司合成，NC探针选用能够编码β-半乳糖苷酶的*LacZ*基因；向3支1.5 mL离心管中各加入40 μL链霉亲和素磁珠，1 mL 1×TBS洗涤磁珠，置于磁力架上去除上清液；取适量生物素标记的目的DNA探针和等量NC探针，分别添加DNA beads buffer至100 μL，混匀后加入磁珠；将核心启动子区探针命名为DPD1组，转录抑制区探针命名为DPD2组，将NC探针命名为NC组，加入100 μL 2×TBS，25 ℃旋转混合孵育1 h；磁力架静置1 min弃上清，向DPD1组、DPD2组和NC组分别加入500 μL 1×TBS洗涤2次，加入500 μL 1×TBS，待用时去除上清液。

3.1.2.2 核蛋白去除核酸及预洗涤

向蛋白样品中分别加入10 μL DNase和4.5 μL DNase salt stock，室温孵育1 h去除核酸；加入80 μL琼脂糖磁珠，4 ℃旋转孵育30 min；25 ℃ 3 000×*g*离心1 min，转移上清液至新的离心管；将样品按照400 μL/管分装，分别标记为DPD1组、DPD2组和NC组，−80 ℃暂存。

3.1.2.3 DNA pull down

冰上融解样品，向DPD1组、DPD2组和NC组分别加入500 μL binding buffer、9 μL EDTA、5 μL poly（dI・dC）、5 μL protease inhibitor、5 μL DTT和4.5 μL EGTA，振荡混匀，加入到相应的探针—磁珠复合物中；混匀后4 ℃旋转孵育1 h，磁力架上静置1 min，弃上清；分别加入800 μL binding buffer和4 μL DTT，4 ℃混匀5 min，磁力架上静置1 min，弃上清，重复4次；DPD1组、DPD2组和NC组磁珠中分别加入60 μL protein elution buffer和0.6 μL DTT，37 ℃孵育洗脱2 h，磁力架上静置1 min，上清液即为DNA pull down产物。

3.1.3 SDS-PAGE差异性条带分离

3.1.3.1 蛋白样品制备

按照蛋白样品：上样缓冲液=4：1的比例向Input组样品及DNA pull down产物中加入蛋白上样缓冲液（含DTT），100 ℃金属浴加热变性10 min，冷却至室温后，14 000 r/min离心5 min，取上清液进行SDS-PAGE。

3.1.3.2　SDS-PAGE

按表3-1配制下层分离胶加入两玻璃板间，蒸馏水液封，室温静置30 min；分离胶凝固后倒出蒸馏水，滤纸吸干板间残留水分；按表3-1配制上层浓缩胶加入两板间，插入梳子后室温静置20 min凝固。

表3-1　SDS-PAGE分离胶和浓缩胶配制

试剂	8%分离胶	5%浓缩胶
蒸馏水	3.3 mL	2.1 mL
30% Acr-Bis（29：1）	2.7 mL	500 μL
1.5 mol/L Tris-HCl（pH值8.8）	3.8 mL	—
1 mol/L Tris-HCl（pH值6.8）	—	380 μL
10% SDS	100 μL	30 μL
10%过硫酸铵	100 μL	30 μL
TEMED	6 μL	3 μL

将组装好的电泳夹置于电泳槽中，NC组和DPD组样品每孔上样量为45 μL，Input组上样量为10 μL，并添加Protein Maker作为参照。设定电压为恒压80 V，待样品刚进入分离胶时，调整电压为恒压110 V；待溴酚蓝指示剂迁移至距离分离胶底端0.5 cm处时关闭电源。将分离胶置于染色缸中，加入考马斯亮蓝，水浴锅加热沸腾10 min进行染色。将胶块置于塑料盒中，加入脱色液加热15 min，待脱色液完全变蓝后弃去，加入新的脱色液继续加热反复脱色，待胶块背景颜色完全脱去后，将胶块放入凝胶扫描仪拍照（图3-2）。选取NC组与DPD组差异条带，胶条切割成大小约为1 mm^3的胶粒，置于1.5 mL离心管，分别标记后进行蛋白分离。

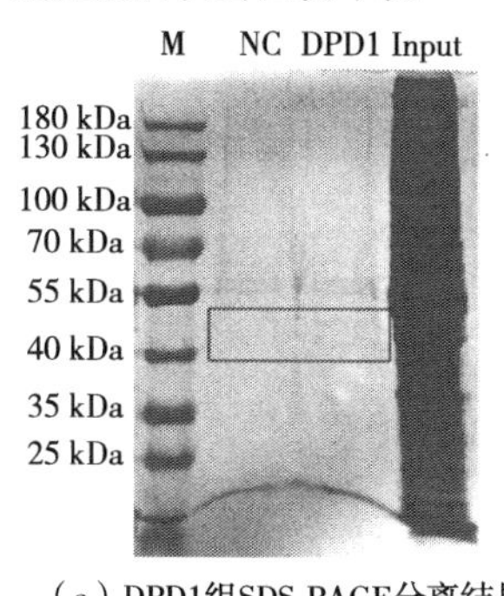

（a）DPD1组SDS-PAGE分离结果

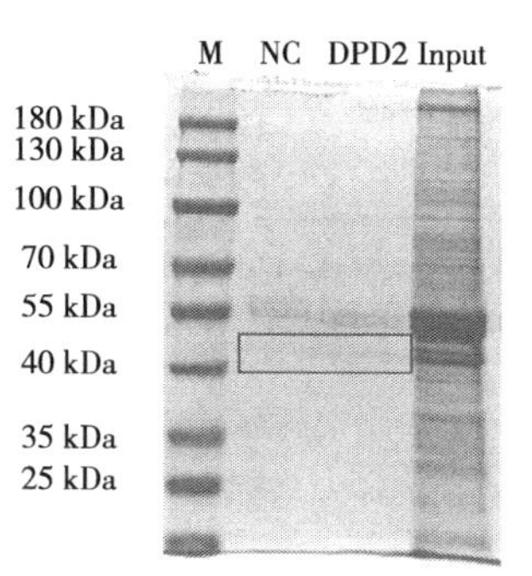

（b）DPD2组SDS-PAGE分离结果

图3-2　DNA pull down产物SDS-PAGE分离检测

3.2 蛋白组质谱检测

质谱法（mass spectrometry，MS）是利用电离源将蛋白质分子转化为气相离子，通过质谱分析仪的电场、磁场将具有特定质量与电荷比值（m/z）的蛋白质离子分离开来，经离子检测器收集、分离并确定离子m/z的差异来分析确定蛋白的相对分子质量及判断其特性，通过蛋白酶解后获得的肽序列标签（PST）、肽质量指纹图谱（PMF）以及肽阶梯序列（PLS），检索核酸或蛋白质序列数据库，达到对蛋白质的高通量筛选和快速鉴定。基于质谱技术的出现，蛋白组检测可分为无标定量和有标定量，如无标记定量技术（label-free）和同位素标记相对或绝对定量技术（iTRAQ）等。

label-free蛋白质定量技术不需要对比较样品做特定的标记处理，样品间蛋白表达量的变化情况只需比较特定肽段或不同样品间的色谱质谱便可获得，通常对所产生的质谱数据对大规模蛋白进行鉴定和定量分析。labcl-free蛋白质定量技术又可分为基于谱图数和基于肽段母离子强度2种方法。基于肽段母离子强度的方法更广泛、更准确。但该方法要求有稳定性和重复性都较高的液相色谱串联质谱，但无须对蛋白做同位素标签。该技术不受比较样本数的限制，大样本量的定量比较适合，要求所定量的物质具有该物种所对应的数据库或注释信息等。

3.2.1 蛋白回收及质谱分析

3.2.1.1 蛋白质酶解脱盐

回收胶粒加入脱色液至胶条透明，加入乙腈脱水至胶粒白色，真空抽干后加入500 μL DTT（1 mmol/L），37 ℃孵育1 h；继续乙腈脱水至胶粒变为白色，真空抽干，500 μL IAM（10 mmol/L）37 ℃避光孵育30 min；乙腈脱水至胶粒变为白色，真空抽干后加入去离子水清洗胶粒2次；加入适量NH_4HCO_3（25 mmol/L）孵育10 min，37 ℃胰蛋白酶孵育16 h；离心收集上清酶解液，转移至新的离心管中，向剩余胶粒中加入适量乙腈，涡旋振荡5 min后离心收集上清液，剩余胶粒反复酶解2次，合并酶解液真空冻干；100%乙腈活化C18脱盐柱，0.1%甲酸平衡脱盐柱，吸取酶解液缓慢通过柱子，加入1 mL 0.1%甲酸清洗3次脱盐柱，加入400 μL 70%乙腈重复洗脱2次，收集、合并洗脱液冻干后备用。

3.2.1.2　质谱检测及定性分析

运用RIGOL L-3000高效液相色谱系统进行分离，以Nanospray Flex™（NSI）为离子源，Orbitrap Exploris™ 480质谱仪对经毛细管高效液相色谱分离后的酶解产物进行质谱分析，设定离子喷雾电压为2 kV，离子传输管温度为320 ℃，补偿电压CV在−45 V和−65 V之间每1 s切换一次，质谱全扫描范围为350～1 200 m/z，采用数据依赖型采集模式。一级质谱分辨率设置为60 000（200 m/z），AGC为300%，C-trap最大注入时间为50 ms；二级质谱检测采用“Top Speed”模式，分辨率设置为15 000（200 m/z），AGC为75%，最大注入时间为22 ms，肽段碎裂碰撞能量设置为30%，获得质谱检测原始数据。Proteome Discoverer2.4软件数据库检索，使用Ensembl数据库：Bos taurus-ensembl-fasta；参数设置：酶切方式为胰蛋白酶；固定修饰为Carbamidomethyl（C）；可变修饰为M Oxidation（15.995 Da）、Acetyl（Protein N-terminal）；前驱离子质量容错误差为±15 mg/L；碎片离子质量容错误差为±0.02 Da；允许最大漏切位点为2。

对DPD1组质谱检测结果进行分析，去除假阳性率（false discovery rate, FDR）>0.05的蛋白，质谱蛋白质鉴定结果统计见表3-2。结果表明，DPD1组中共鉴定出1 137种蛋白质，NC组中相应位置共鉴定出269种蛋白质；DPD2组中共鉴定出51种蛋白质，NC组中对应位置共鉴定出86种蛋白质。

表3-2　DPD1组蛋白质鉴定结果　　单位：个

样本	二级谱图总数	有效谱图数	肽段总数	蛋白质总数
DPD1	66 718	11 325	6 457	1 137
NC	57 906	1 154	710	269

3.2.2　DPD1组转录因子筛选

TBtools绘制韦恩图并获取DPD组与NC组的差异性蛋白质列表，其中，NC组有171个蛋白质获得注释，DPD1组有921个蛋白质获得注释，TBtools软件绘制韦恩图（图3-3），2组蛋白质列表对比后显示NC组中差异性蛋白质28个，DPD1组中差异性蛋白质778个，NC组与DPD1组重叠蛋白质143个。

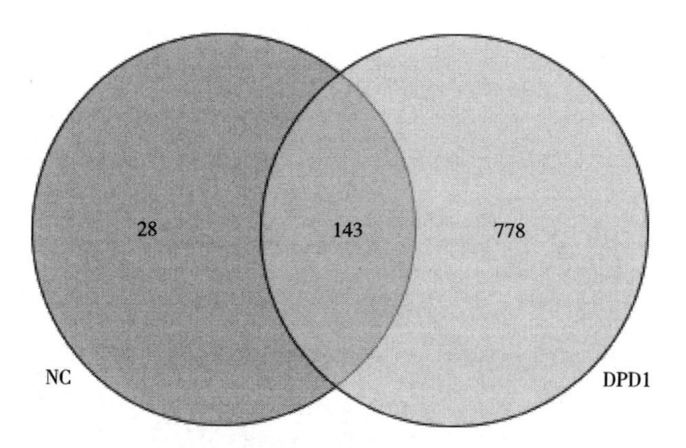

图3-3 NC组与DPD1组差异性蛋白韦恩图

Gene Ontology数据库（http://geneontology.org/）对DPD1组778个差异蛋白进行GO功能富集分析，共检索到69个生物学功能。图3-4显示，在主要的22个生物学功能中，有15个蛋白质具有与DNA结合并调控基因转录的活性（表3-3）。

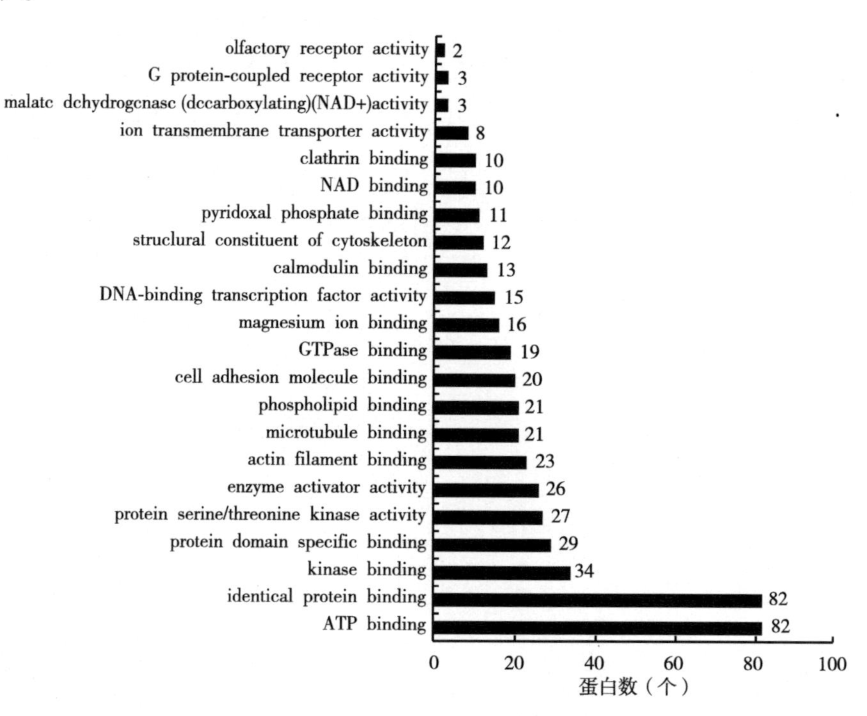

图3-4 DPD1组差异性蛋白质的分子功能富集

表3-3　具有转录因子活性的差异性蛋白集合

GO编号	描述	Ensembl基因编号
GO：0003700	DNA-binding transcription factor activity	ENSBTAG00000017580、ENSBTAG00000039916、ENSBTAG00000050523、ENSBTAG00000018909、ENSBTAG00000008854、ENSBTAG00000000074、ENSBTAG00000002904、ENSBTAG00000052791、ENSBTAG00000019885、ENSBTAG00000019788、ENSBTAG00000020425、ENSBTAG00000003968、ENSBTAG00000018229、ENSBTAG00000013895、ENSBTAG00000055062

运用KEGG数据库（http://www.genome.jp/kegg/）分析，共检索到36条信号通路，图3-5显示了10条重要的信号通路，其中包括：信号转导、内分泌调节、癌症发生、神经调节、细胞生长与凋亡、免疫调节、糖代谢、翻译、转录和能量代谢，其中7个蛋白质涉及基因转录调控信号通路。

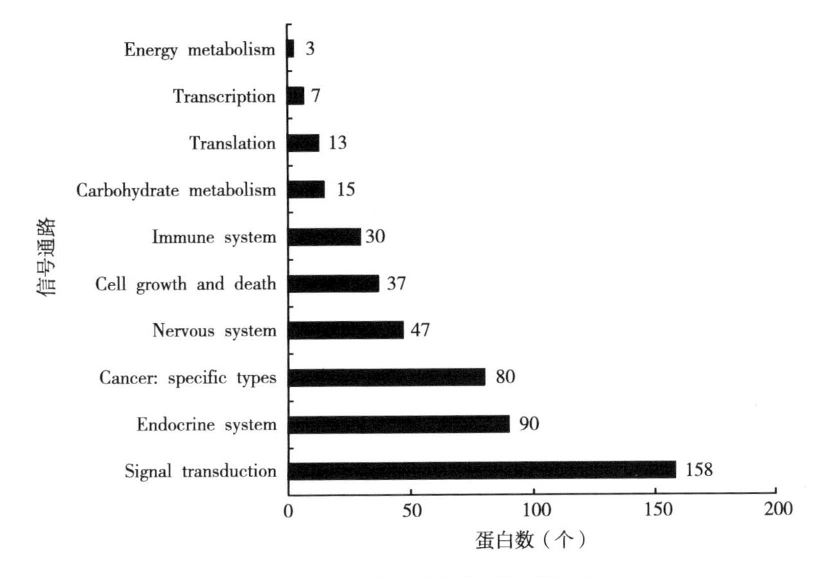

图3-5　DPD1组蛋白质信号通路分析

UniProt数据库（https://www.uniprot.org/）检索7个具有转录调控活性蛋白的基因ID，AnimalTFDB 3.0数据库（http://bioinfo.life.hust.edu.cn/AnimalTFDB/）预测转录因子与牛*CART*核心启动子区互作位点，结果显示，RFX5（ENSBTAG00000017580）、CREB（ENSBTAG00000018909）、RFX1

（ENSBTAG00000008854）、JUND（ENSBTAG00000052791）、TEAD4（ENSBTAG00000019788）、TFAP2D（ENSBTAG00000020425）、RELA（ENSBTAG00000013895）7个转录因子能够与牛*CART*核心启动子区相互作用，结合位点及评分见表3-4。

表3-4　转录因子结合位点预测结果

蛋白名称	起始点	终止点	结合位点序列（5′-3′）	评分
RFX5	−157 bp	−136 bp	GCCCGGCGGGCATTGACGTCAA	15.907 9
CREB	−155 bp	−135 bp	CCGGCGGGCATTGACGTCA	15.530 3
RFX1	−197 bp	−181 bp	TCGTTCCGGGGCGCCTG	11.707 9
JUND	−83 bp	−62 bp	CCTCCTTCTTCCCTGCGCCCCG	13.631 6
TEAD4	+14 bp	+22 bp	TTCAGCACC	16.907 9
TFAP2D	−186 bp	−173 bp	CGCCTGGAGCCCGG	10.040 7
RELA	−106 bp	−91 bp	CCCCCTTCCTTCCTTC	12.105 3

3.2.3　DPD2组转录因子筛选

DPD2组和NC组全部蛋白均获得注释，TBtools绘制韦恩图（图3-6），结果显示，NC组中差异蛋白共63个，DPD2组中差异蛋白共28个，NC组与DPD2组重叠蛋白质共23个。对DPD2组28个差异蛋白进行功能富集分析（图3-7），发现仅EVX1具有转录调控功能，但并未发现EVX1与牛*CART*启动子抑制区域存在结合位点。

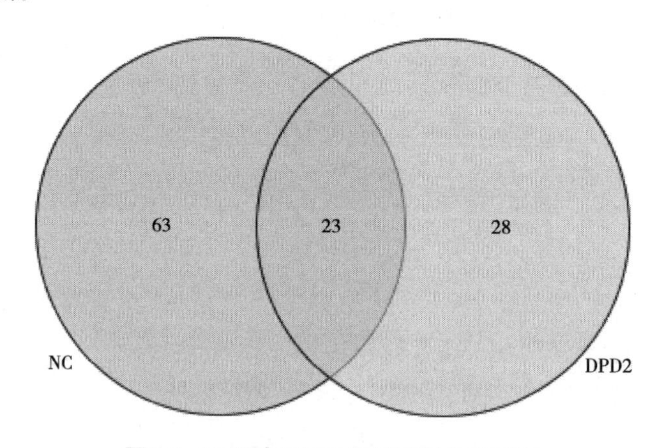

图3-6　NC组与DPD2组差异蛋白韦恩图

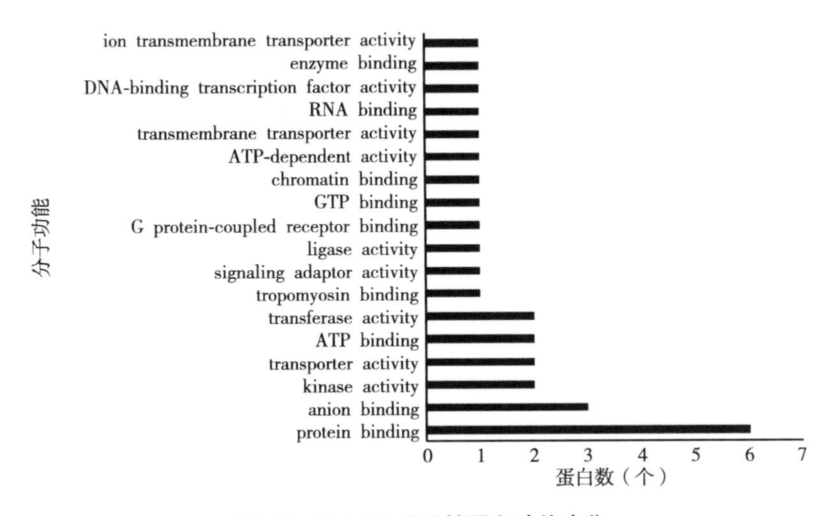

图3-7　DPD2组差异性蛋白功能富集

综上，通过DNA pull down技术联合质谱分析，对与牛*CART*核心启动子区特异性结合蛋白进行分析，筛选出RFX5、CREB、RFX1、JUND、TEAD4、TFAP2D和RELA共7个可能参与牛*CART*核心启动子转录调控的转录因子。

3.3　候选转录因子功能验证

转录因子对基因转录的调控作用依赖于其特殊的DNA结合区，该区域通过与目的DNA序列结合，发挥转录激活或抑制作用。多种转录因子之间可通过相互作用参与机体内不同基因转录调控，对单一转录因子调控机制的探究是深入研究基因转录调控网络的前提和基础。细胞中转录因子对不同基因的转录调控作用有所不同，仅通过生物信息学手段对转录因子与靶基因之间的互作关系进行预测，可能导致结果可靠性较差。本研究将*RFX5*、*CREB*、*RFX1*、*JUND*、*TEAD4*、*TFAP2D*和*RELA*共7个转录因子mRNA的CDS区分别构建到pcDNA3.1(+)载体上，成功获得转录因子过表达载体。通过双荧光素酶报告基因试验检测各转录因子与牛*CART*核心启动子区的结合性及其对转录活性的影响。

3.3.1　转录因子过表达载体构建

NCBI中查询获得牛*RFX5*、*CREB*、*RFX1*、*JUND*、*TEAD4*、*TFAP2D*和*RELA*的GenBank登录号，Primer Premier5.0进行目的片段引物设计及酶切位点

分析，在目的片段序列两端分别添加*Nhe* I和*Not* I酶切位点，用于pcDNA3.1(+)载体连接，交生工生物工程（上海）股份有限公司合成，引物序列见表3-5。

表3-5　目的基因引物序列

名称	引物序列（5′-3′）
RFX5	F：GCTAGCATGGCAGAAGATGAAC
	R：GCGGCCGCTCATGGGGGT
CREB	F：GCTAGCATGGAATCTGGAGCA
	R：GCGGCCGCTTAATCTGATTTG
RFX1	F：GCTAGCATGAACCCTAACGTG
	R：GCGGCCGCTCAGCTGGATG
JUND	F：GCTAGCATGGAGACCCCTTTC
	R：GCGGCCGCTCAGTAAGCGG
TEAD4	F：GCTAGCATGCAGGCCGGCG
	R：GCGGCCGCTCACTCCTTCA
TFAP2D	F：GCTAGCATGTCAACTACCTTTC
	R：GCGGCCGCTTAGTCTGTCTT
RELA	F：GCTAGCATTTCCGCCTCTGGC
	R：GCGGCCGCTTTTTTTTTTT

注：下划线部分为内切酶识别位点。

pcDNA3.1(+)载体作为转录因子过表达载体，载体图谱信息见图3-8。

构建酶切反应体系，37 ℃反应2 h，琼脂糖凝胶电泳后对酶切产物进行回收；利用T_4 DNA ligase将酶切后的载体与目的基因片段连接，获得的重组载体分别命名为pcDNA3.1-*RFX5*、pcDNA3.1-*CREB*、pcDNA3.1-*RFX1*、pcDNA3.1-*JUND*、pcDNA3.1-*TEAD4*、pcDNA3.1-*TFAP2D*、pcDNA3.1-*RELA*。重组载体鉴定及质粒抽提方法同第二章。

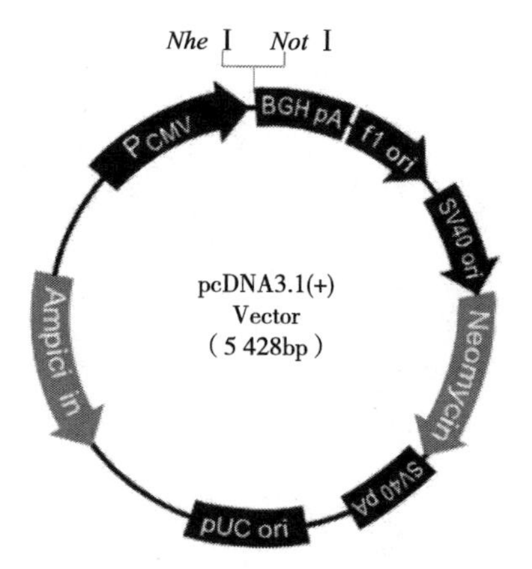

图3-8　pcDNA3.1(+)过表达载体图谱

3.3.2　质粒稀释、分组及引物设计

质粒稀释：DEPC水分别稀释pcDNA3.1-*RFX*5、pcDNA3.1-*CREB*、pcDNA3.1-*RFX*1、pcDNA3.1-*JUND*、pcDNA3.1-*TEAD*4、pcDNA3.1-*TFAP2D*、pcDNA3.1-*RELA*、pGL3-Basic和pGL3-314质粒至0.1 μg/μL备用，稀释pRL-TK质粒至0.01 μg/μL备用。

试验分组：pcDNA3.1-*RFX*5+pGL3-314+pRL-TK、pcDNA3.1-*CREB*+pGL3-314+pRL-TK、pcDNA3.1-*RFX*1+pGL3-314+pRL-TK、pcDNA3.1-*JUND*+pGL3-314+pRL-TK、pcDNA3.1-*TEAD*4+pGL3-314+pRL-TK、pcDNA3.1-*TFAP2D*+pGL3-314+pRL-TK、pcDNA3.1-*RELA*+pGL3-314+pRL-TK；阳性对照组：pcDNA3.1+pGL3-314+pRL-TK；阴性对照组：pcDNA3.1+pGL3-Basic+pRL-TK。每组设置3次重复。

根据NCBI中牛*RFX*5、*CREB*、*RFX*1、*JUND*、*TEAD*4、*TFAP2D*及*RELA* mRNA序列，Primer Premier 5.0设计荧光定量PCR引物（表3-6），交生工生物工程（上海）股份有限公司合成。

表3-6　荧光定量PCR引物序列

名称	引物序列（5′-3′）
*RFX*5	F：CGCTTCCGCTACAAGTGTGAGG
	R：AGGCTGCTTCTACCACCTCATCC
CREB	F：CCCTGGAGTTGTTATGGCGTCTTC
	R：CTCGTGCTGCTTCCCTGTTCTTC
*RFX*1	F：AGACACCTATCGCCGTGATGGG
	R：ATCCTCCTCCTCTTCCTCCTCCTC
JUND	F：TGAAGGACGAGCCTCAGACAGTG
	R：CTTGCTGGCGGCGATCCTATTC
*TEAD*4	F：CCCCTGCGGAAGAAGAAAGATCATC
	R：CCTGGTTCTGGTCTTGCCTGTTC
TFAP2D	F：CCAATTCCACTGTCGCCTATTCCTC
	R：TGGCTGTGCTGAAACTCGTAATGG
RELA	F：CGCTTCCGCTACAAGTGTGAGG
	R：TCTTGATAGTGGGGTGGGTCTTGG
β-actin	F：GGGACCTGACTGACTACCTC
	R：TCATACTCCTGCTTGCTGAT

3.3.3 转录因子过表达检测

细胞转染24 h后，荧光定量PCR检测到7个转录因子均在293T细胞中有表达，过表达载体试验组目的基因表达量均极显著高于转染pcDNA3.1空质粒的对照组（$P<0.01$）（图3-9）。这表明7个转录因子均在293T细胞中过表达，转录因子过表达载体构建成功。

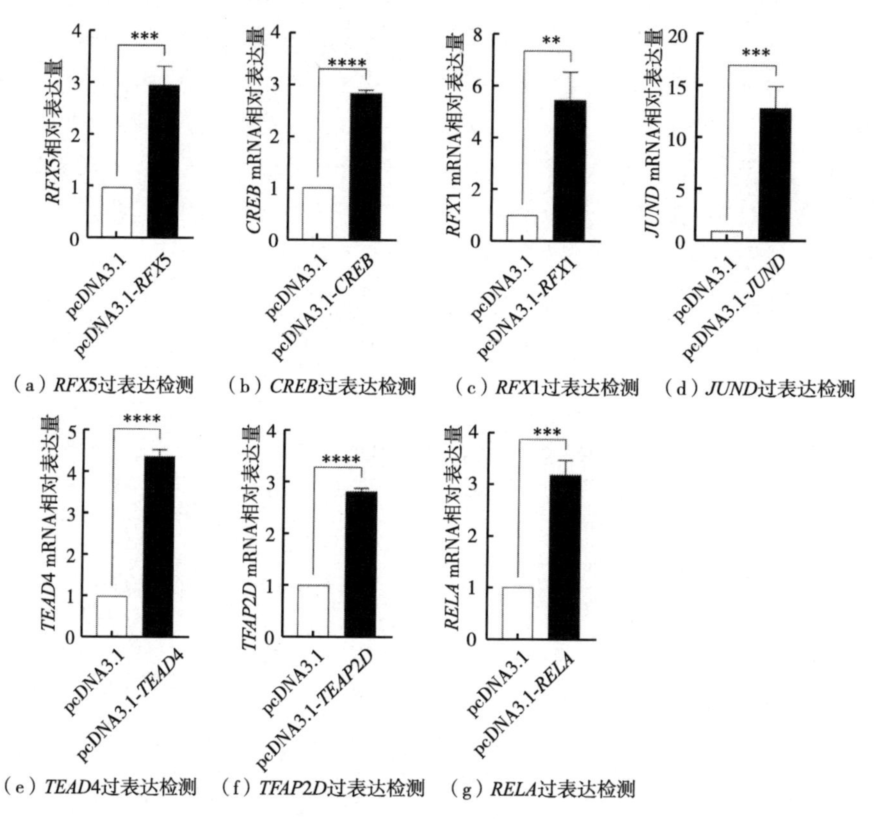

（a）*RFX5*过表达检测 （b）*CREB*过表达检测 （c）*RFX1*过表达检测 （d）*JUND*过表达检测

（e）*TEAD4*过表达检测 （f）*TFAP2D*过表达检测 （g）*RELA*过表达检测

图3-9 转录因子mRNA相对表达量

（**表示$P<0.01$；***表示$P<0.001$；****表示$P<0.000\ 1$）

3.3.4 转录因子结合牛*CART*核心启动子活性检测

双荧光素酶报告基因检测各组中相对荧光素酶活性，结果见图3-10。pGL3-Basic+pcDNA3.1组和pGL3-Basic+pcDNA3.1-*RFX5*组的相对荧光活性均较低，且无显著差异，pGL3-314+pcDNA3.1组相对荧光活性显著高于转染pGL3-Basic的对照组（$P<0.05$）；pGL3-314+pcDNA3.1-*RFX5*组与pGL3-Basic+pcDNA3.1组和pGL3-Basic+pcDNA3.1-*RFX5*组的相对荧光活性无显著差

异；pGL3-Basic+pcDNA3.1-*RFX*5组与pGL3-314+pcDNA3.1-*RFX*5组的相对荧光活性无显著差异（$P>0.05$），pGL3-314+pcDNA3.1组相对荧光活性显著高于pGL3-Basic+pcDNA3.1-*RFX*5组、pGL3-Basic+pcDNA3.1-*RFX*5组和pGL3-314+pcDNA3.1组（$P<0.05$）。表明*RFX*5过表达能够显著抑制*CART*的转录。

pGL3-Basic+pcDNA3.1组和pGL3-Basic+pcDNA3.1-*CREB*组的相对荧光活性均较低，且无显著差异，转染pGL3-314试验组相对荧光活性均显著高于转染pGL3-Basic对照组（$P<0.05$）；pGL3-314+pcDNA3.1-*CREB*组的相对荧光活性极显著高于pGL3-314+pcDNA3.1组和pGL3-Basic+pcDNA3.1-*CREB*组（$P<0.001$）。表明*CREB*过表达能够极显著促进*CART*的转录。

pGL3-Basic+pcDNA3.1组和pGL3-Basic+pcDNA3.1-*RFX*1组的相对荧光活性均较低，且无显著差异，转染pGL3-314试验组相对荧光活性均极显著高于转染pGL3-Basic对照组（$P<0.001$）；pGL3-314+pcDNA3.1组的相对荧光活性极显著高于pGL3-Basic+pcDNA3.1组、pGL3-Basic+pcDNA3.1-*RFX*1组和pGL3-314+pcDNA3.1-*RFX*1组（$P<0.000\ 1$）。表明*RFX*1过表达能够极显著抑制*CART*的转录。

pGL3-Basic+pcDNA3.1组和pGL3-Basic+pcDNA3.1-*JUND*组的相对荧光活性均较低，且无显著差异，转染pGL3-314试验组相对荧光活性均极显著高于转染pGL3-Basic对照组（$P<0.000\ 1$）；pGL3-314+pcDNA3.1-*JUND*组与pGL3-314+pcDNA3.1组的相对荧光活性无显著差异（$P>0.05$）。表明*JUND*过表达对*CART*转录无明显影响。

pGL3-Basic+pcDNA3.1组和pGL3-Basic+pcDNA3.1-*TEAD*4组的相对荧光活性均较低，且无显著差异，pGL3-314+pcDNA3.1组相对荧光活性极显著高于转染pGL3-Basic的对照组（$P<0.001$）；pGL3-314+pcDNA3.1组相对荧光活性显著高于pGL3-Basic+pcDNA3.1-*TEAD*4组、pGL3-Basic+pcDNA3.1-*TEAD*4组和pGL3-314+pcDNA3.1组（$P<0.05$）。表明*TEAD*4过表达能够显著抑制*CART*的转录。

pGL3-Basic+pcDNA3.1组和pGL3-Basic+pcDNA3.1-*TFAP2D*组的相对荧光活性均较低，且无显著差异，转染pGL3-314的试验组相对荧光活性均极显著高于转染pGL3-Basic的对照组（$P<0.000\ 1$）；pGL3-314+pcDNA3.1-*TFAP2D*组与pGL3-314+pcDNA3.1组的相对荧光活性无显著差异（$P>0.05$）。表明*TFAP2D*过表达对*CART*转录无明显影响。

pGL3-Basic+pcDNA3.1组和pGL3-Basic+pcDNA3.1-*RELA*组的相对荧光活性均较低，且无显著差异，转染pGL3-314的试验组相对荧光活性均极显著高于转染pGL3-Basic的对照组（*P*<0.000 1）；pGL3-314+pcDNA3.1-*RELA*组的相对荧光活性极显著高于pGL3-314+pcDNA3.1组（*P*<0.000 1）。表明*RELA*过表达能够极显著促进*CART*的转录。

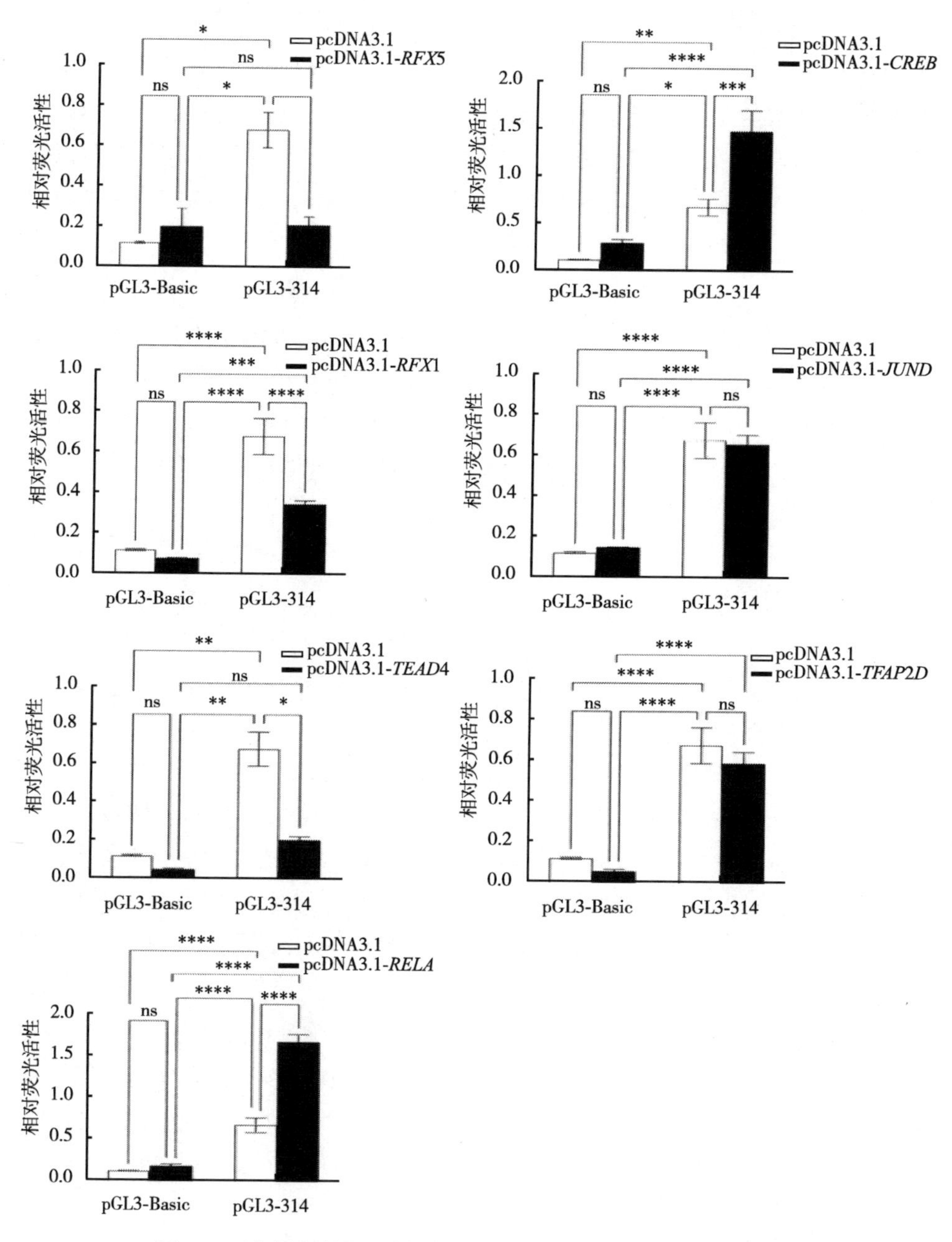

图3-10 过表达转录因子与*CART*核心启动子区域荧光活性检测

（*表示*P*<0.05；**表示*P*<0.01；***表示*P*<0.001；****表示*P*<0.000 1；ns表示*P*>0.05）

综上，7个候选转录因子中，RFX5、RFX1、TEAD4对牛下丘脑*CART*具有转录抑制作用，CREB与RELA对牛下丘脑*CART*具有转录激活作用，JUND与TFAP2D对牛*CART*核心启动子区的转录无显著影响。

第四章 牛*CART*靶向miRNA内源性表达

microRNA（miRNA）是一种长度为18～25 nt非编码RNA，通过与靶基因结合，抑制其翻译过程或靶向降解mRNA，实现对mRNA的转录后调控。动物miRNA的经典加工过程是在RNA聚合酶II（pol II）的作用下，miRNA形成具有发夹结构的初始转录产物pri-miRNA，在细胞核内由Drosha酶及辅助因子Pasha加工成长度约为70～100 nt的pre-miRNA发夹，经Exportin-5及其辅助因子RAN-GTP输送到细胞质中，在Dicer酶的切割下形成双链miRNA/miRNA复合物；此时，Dicer酶引导miRNA/miRNA复合物与多个相关蛋白结合形成RNA诱导沉默复合物体（RNA-induced silencing complex，RISC），随后miRNA/miRNA双链中5′端热力学不稳定的链被选择为成熟miRNA，另一条miRNA链作为成熟miRNA的第一个靶向序列被降解。

研究人员通过对*Drosha*、*Exportin*-5和*Dicer*基因进行敲除，发现4种非典型miRNA成熟途径：①miRNA位于某基因内含子中，被切割之后不需要Drosha酶核处理，直接由Exportin-5运输到细胞质中进行第二次Dicer酶切割；②pre-miRNA有帽子结构，不需要Drosha酶处理，直接由Exportin-1运输到细胞质进行Dicer酶第二次切割；③pri-miRNA的序列很短，Drosha酶第一次切割之后，不需要再进行细胞质Dicer酶处理；④一些非编码RNA不需要酶的处理与运输，直接在细胞质中成熟。

成熟miRNA的经典作用模式包括2种：①通过与靶基因mRNA 3′UTR完全互补配对降解该序列片段，抑制靶基因的转录后表达；②通过与靶基因mRNA 3′UTR不完全互补配对，抑制靶基因翻译。miRNA抑制靶基因翻译机制有3种：①抑制翻译起始，RISC与mRNA二级结构结合，其中某些蛋白抑制核糖体的组装；②抑制翻译进行，mRNA翻译未完成，RISC提前促进核糖体大小亚基解离；③RISC将mRNA的5′帽子和3′尾巴降解，使翻译不能正常进行。随着对miRNA作用机制的深入研究，也发现了多种非经典作用模式。研究人员发现线虫*lin*-41 3′UTR上有2个miRNA结合位点，miRNA通过作用于这2个结合位点来抑制*lin*-41基因翻译；将这2个结合位点序列克隆到报告基因的5′UTR上，通过双荧光素酶试验发现，该结合位点同样可被miRNA识别并抑制*lin*-41 mRNA翻译。小鼠*Nanog*基因CDS区有2个miRNA的结合位点，分别是*Nanog*-290*p*-470和*Nanog*-425*p*-296，*miRNA*-296与*miRNA*-470可以与这2个特定位点结合来抑制*Nanog*基因的翻译，而不影响基因的转录。研究发现，*POLR3D*基因上游有一个空间位置很近的*miR*-320，可抑制*POLR3D*基因转录。研究发现，*TNF*α 3′UTR上有2个*miR*-369结合位点，将3′UTR序列构建到荧光素酶报告基因的载体中，在无血清的条件下，将*miR*-369与*anti-miR*-369分别进行转染，发现*miR*-369可以促进*TNF*α基因的翻译。上述研究表明，miRNA可通过作用于目的基因的3′UTR、5′UTR和CDS区调控基因转录水平、转录后水平和翻译水平的表达。

ceRNA即竞争性内源RNA，包括lncRNA和circRNA。2011年研究人员提出ceRNA竞争机制假说，该学说认为一种miRNA可调控多个基因的表达，而每个基因可能同时受多种miRNA调节；lncRNA/circRNA以“海绵吸附”的方式竞争性与RISC结合，降低miRNA对靶基因的抑制作用。该假说的前提是miRNA浓度较低且ceRNA定位于细胞质，当miRNA浓度过高时lncRNA/circRNA的作用被抵消，过低时miRNA无法对靶基因进行调控。由lncRNA、circRNA和miRNA参与的靶基因表达调控网络即为ceRNA调控网络。近年来，大量研究证实，ceRNA调控功能具有普遍性，其广泛存在于多种物种与不同基因表达过程中。

目前，ceRNA网络调控在生命科学领域被广泛研究，而miRNA是ceRNA调控网络的联结者。对于CART的研究多集中于下游受体鉴定与信号通路探究，而上游非编码RNA的调控作用尚未报道，开展*CART*与miRNA靶向关系研究，可进一步明确参与CART表达调控的关键因子，为后期CART分泌抑制药物的设计、动物超排技术等应用研究提供依据。

4.1　ceRNA调控网络构建

CART通过抑制GCs增殖与E_2分泌，对卵泡发育起负调控作用，非编码RNA占哺乳动物基因组的95%，其中miRNA是基因转录后调控的关键因子。为探究CART非编码RNA调控机制，本部分利用生物信息学技术构建了circRNA/lncRNA-miRNA-*CART*调控网络，预测了*bta-miR*-377、*bta-miR*-331-

3*p*、*bta-miR*-491、*bta-miR*-877、*bta-miR*-758、*bta-miR*-381和*bta-miR*-493与*CART* 3′UTR的互作关系。

4.1.1 主要软件

基因序列比对数据库：NCBI（https://www.ncbi.nlm.nih.gov/）；mRNA-miRNA靶向预测数据库：TargetScan（http://www.targetscan.org/vert_72/）；miRNA成熟序列查询数据库：miRBase（http://www.mirbase.org/）；miRNA-lncRNA、miRNA-circRNA靶向预测数据库：starBase v2.0（http://starbase.sysu.edu.cn/starbase2/index.php）；mRNA-miRNA二级结构构建软件：RNAhybrid（https://bibiserv.cebitec.uni-bielefeld.de/rnahybrid）；miRNA基因序列比对软件：DNAMAN；互作网络构建软件：Cytoscape。

4.1.2 ceRNA调控网络构建

利用Targetscan数据库搜索与*CART*可能结合的靶向miRNA，筛选哺乳动物类别中的miRNA，确定miRNA与*CART* 3′UTR是否具有结合位点，并评估其信噪比。应用miRBase获得牛、人miRNA成熟序列，DNAMAN软件进行序列比对。starBase v2.0靶向预测miRNA-circRNA/lncRNA，NCBI Nucleotide Blast比对筛选得到的人、牛circRNA和lncRNA序列以及结合位点的相似性，利用Cytoscape构建ceRNA调控网络。

TargetScan数据库预测到哺乳动物7个miRNA靶向*CART* 3′UTR（图4-1），结果表明，牛*bta-miR*-377的种子序列（ACACACU）与*CART* 3′UTR 161～167核苷酸（UGUGUGA）序列、牛*bta-miR*-331-3*p*的种子序列（GGUCCCC）与*CART* 3′UTR 40～46核苷酸（CCAGGGG）序列、牛*bta-miR*-491的种子序列（AGGGGUG）与*CART* 3′UTR 28～34核苷酸（UCCCCAC）序列、牛*bta-miR*-877的种子序列（GGAGAU）与*CART* 3′UTR 97～102核苷酸（CCUCUA）序列、牛*bta-miR*-758的种子序列（AGUGUU）与*CART* 3′UTR 380～385核苷酸（UCACAA）序列、牛*bta-miR*-381的种子序列（GAACAUA）与*CART* 3′UTR 178～184核苷酸（CUUGUAU）序列、牛*bta-miR*-493的种子序列（UGGAAG）与*CART* 3′UTR 52～57核苷酸（ACCUUC）序列完全互补配对，其中*bta-miR*-377、*bta-miR*-331-3*p*与*CART*靶向结合的信噪比最低，均为−0.42，结合性最强。采用starBase和NCBI数据库，预测与序列比对7个miRNA的靶向circRNA/lncRNA，筛选出结合性较强或已经在其他物种中被验证过的circRNA/lncRNA

作为候选*CART*“海绵吸附”因子。Cytoscape 3.7.2构建*CART*-miRNA-lncRNA/circRNA调控网络（图4-2），表明这些候选lncRNA/circRNA可能作为miRNA内源性吸附体，促进*CART*基因表达。

```
Position                       161     167     Total context++score
CART 3′UTR     5′…CACAUUAGAUGUUACUGUGUGAA…3′
                                 |||||||           −0.42
bta-miR-377    3′   UGUUUUCAACGGAAACACACUA   5′

Position                        40      46     Total context++score
CART 3′UTR     5′…CCCUCCCCACUUUCCCCAGGGGA…3′
                                 |||||||           −0.42
bta-miR-331-3p 3′    AAGAUCCUAUCCGGGUCCCCG   5′

Position                        28      34     Total context++score
CART 3′UTR     5′…UCUCCAUAAGCCCCCUCCCCACU…3′
                                 |||||||           −0.32
bta-miR-491    3′   GGAGUACCUUCCCAAGGGGUGA   5′

Position                        97     102     Total context++score
CART 3′UTR     5′…CAAAGUUUGCAUUUCCCUCUAAG…3′
                                 ||||||            −0.21
bta-miR-877    3′    GGGACGCGGUAGAGGAGAUG    5′

Position                       380     385     Total context++score
CART 3′UTR     5′…UAAAUCACCCAAGCAUCACAAAU…3′
                                 ||||||            −0.20
bta-miR-758    3′ CCAAUCACCUGGUCCAGUGUUU     5′

Position                       178     184     Total context++score
CART 3′UTR     5′…UGUGAAGGGUAAUGCCUUGUAUG…3′
                                 |||||||           −0.10
bta-miR-381    3′   UGUCUCUCGAACGGGAACAUAU   5′

Position                        52      57     Total context++score
CART 3′UTR     5′…UCCCCAGGGGACCACACCUUCAU…3′
                                 ||||||            −0.08
bta-miR-493    3′ GGACCGUGUGUCAUCUGGAAGU     5′
```

图4-1　miRNA-*CART*结合位点与信噪比

4.1.3　miRNA与*CART* 3′UTR二级结构构建

NCBI Nucleotide中获得*CART* 3′UTR FASTA序列，miRBase中获得成熟miRNA FASTA序列，运用RNAhybrid软件对*CART* 3′UTR与miRNA的结合位点及二级结构预测分析，并确定结合位点与最小自由能。由图4-3可知，*bta-miR*-331-3*p*、*bta-miR*-377、*bta-miR*-491和*bta-miR*-381 5′端2～8 nt的种子序列与*CART* 3′UTR完全互补配对，其中*bta-miR*-331-3*p*和*bta-miR*-377 5′端的第一个核苷酸对应的靶核苷酸碱基为A；*bta-miR*-758、*bta-miR*-877和*bta-miR*-493 5′端2～7 nt的种子序列与*CART* 3′UTR完全互补配对，且5′端的第一个核苷酸

对应的靶核苷酸碱基为A。这些结合位点的最小自由能均小于-20 kcal[①]/mol，符合靶基因预测条件，可通过构建荧光载体进一步验证。

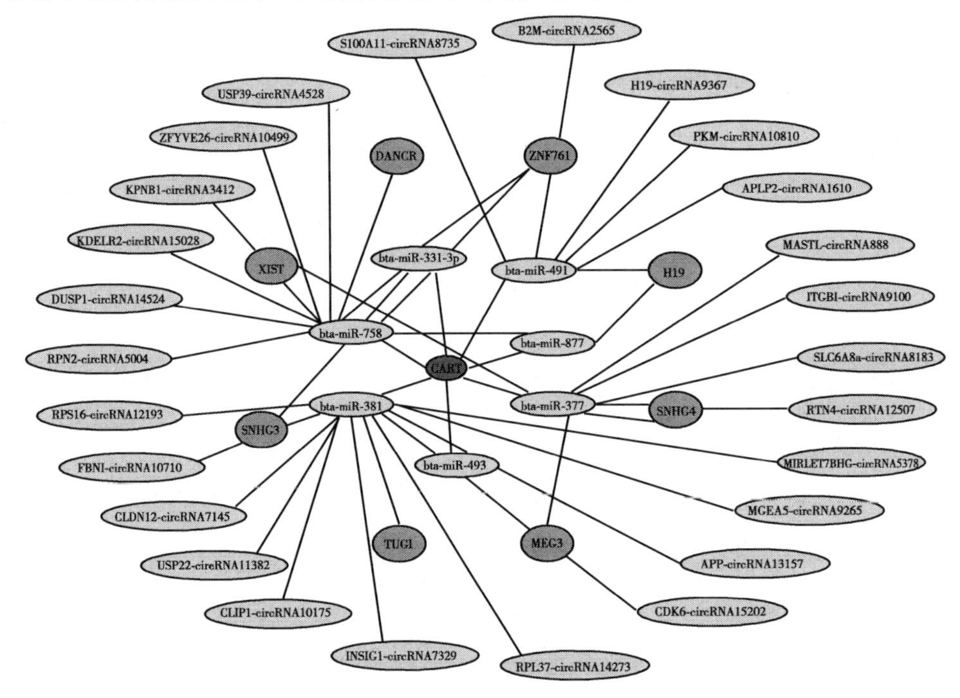

外圈—circRNA；中圈—lncRNA；内圈—miRNA。

图4-2 *CART*-miRNA-lncRNA/circRNA调控网络

（节点颜色深浅表示作用的强弱，颜色越深，作用效果越强）

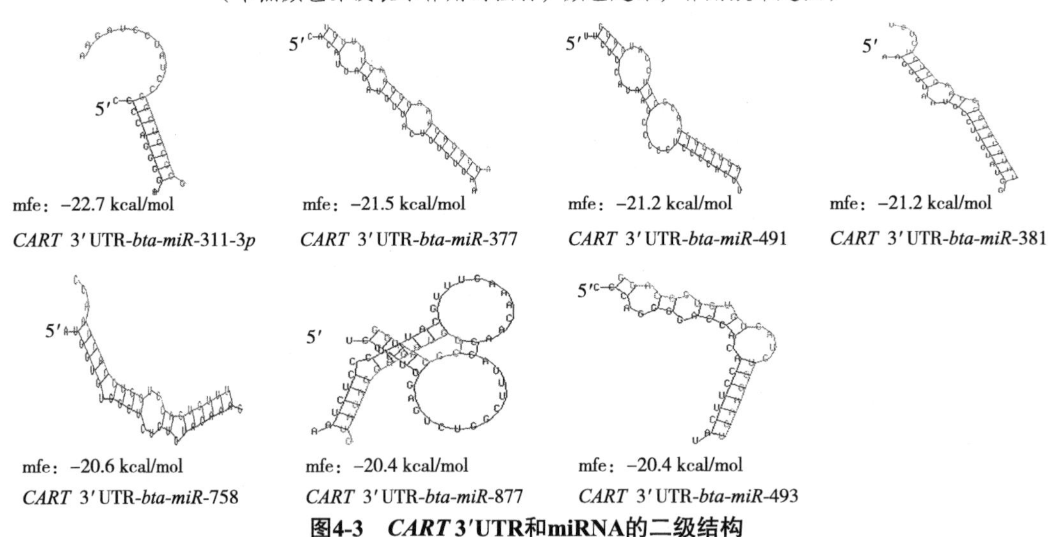

图4-3 *CART* 3′UTR和miRNA的二级结构

① 1 cal=4.186 J。

4.2　牛下丘脑*CART*与miRNA内源性表达

miRNA长度通常为18～25 nt，常用检测方法是ploy A加尾法和茎环法。ploy A加尾法是对成熟miRNA的3′端进行ploy A加尾处理，改造成普通mRNA结构，再利用mRNA通用的oligodT反转录引物进行反转，进而扩大模板链长度，特异性较低，可适用于大量不同miRNA的测定。茎环法是在反转录过程中通过特异性有茎环结构的反转录引物人为加长模板长度，由于其自身构象互补，反转录引物只能一一对应，避免与其他同源基因结合，降低了非特异性扩增，同时，还可检测表达丰度较低的miRNA。茎环引物设计原理即通用茎环结构3′端加目的miRNA 3′端反向互补6个碱基；上游引物为除去3′端6个碱基的剩余部分，通过在5′端添加G或C调节Tm值，使其接近60 ℃，下游引物为通用引物，即茎环中的一部分，序列为AGTGCAGGGTCCGAGGTATT。

4.2.1　RNA提取与纯度检测

选择3头健康且年龄相近的西门塔尔母牛，屠宰采集下丘脑，置于液氮中保存。液氮研磨小块组织，Trizol法提取总RNA，Nanodrop检测仪测定OD值，要求OD_{260}/OD_{280}在1.8～2.0。

4.2.2　引物设计

NCBI Nucleotide中获取牛*CART* mRNA序列，利用Primer Premier 5.0软件设计*CART* PCR引物；miRBase数据库中获得*bta-miR*-377、*bta-miR*-331-3*p*、*bta-miR*-491、*bta-miR*-877、*bta-miR*-758、*bta-miR*-381和*bta-miR*-493成熟序列（表4-1），以此为模板设计miRNA反转录引物与扩增引物（表4-2）；送生工生物工程（上海）股份有限公司合成。

表4-1　miRNA成熟体序列

名称	成熟序列
bta-miR-377	AUCACACAAAGGCAACUUUUGU
bta-miR-331-3*p*	GCCCCUGGGCCUAUCCUAGAA
bta-miR-491	AGUGGGGAACCCUUCCAUGAGG
bta-miR-877	GUAGAGGAGAUGGCGCAGGG

（续表）

名称	成熟序列
bta-miR-758	UUUGUGACCUGGUCCACUAACC
bta-miR-381	UAUACAAGGGCAAGCUCUCUGU
bta-miR-493	UGAAGGUCUACUGUGUGCCAGG

表4-2　miRNA和*CART*反转录与PCR扩增所用引物

名称	引物序列
bta-miR-377 RT	GTCGTATCCAGTGCAGGGTCCGAGGTATTCGCACTGGATACGACACAAAA
bta-miR-377 F	CGCGATCACACAAAGGCAAC
bta-miR-377 R	AGTGCAGGGTCCGAGGTATT
bta-miR-331-3*p* RT	GTCGTATCCAGTGCAGGGTCCGAGGTATTCGCACTGGATACGACTTCTAG
bta-miR-331-3*p* F	CGGCCCCTGGGCCTATC
bta-miR-331-3*p* R	AGTGCAGGGTCCGAGGTATT
bta-miR-491 RT	GTCGTATCCAGTGCAGGGTCCGAGGTATTCGCACTGGATACGACCCTCAT
bta-miR-491 F	CGAGTGGGGAACCCTTCC
bta-miR-491 R	AGTGCAGGGTCCGAGGTATT
bta-miR-877 RT	GTCGTATCCAGTGCAGGGTCCGAGGTATTCGCACTGGATACGACCCCTGC
bta-miR-877 F	CGCGGTAGAGGAGATGGC
bta-miR-877 R	AGTGCAGGGTCCGAGGTATT
bta-miR-758 RT	GTCGTATCCAGTGCAGGGTCCGAGGTATTCGCACTGGATACGACGGTTAG
bta-miR-758 F	GCGTTTGTGACCTGGTCCA
bta-miR-758 R	AGTGCAGGGTCCGAGGTATT
bta-miR-381 RT	GTCGTATCCAGTGCAGGGTCCGAGGTATTCGCACTGGATACGACACAGAG
bta-miR-381 F	CGCGTATACAAGGGCAAGCT

（续表）

名称	引物序列
bta-miR-381 T	AGTGCAGGGTCCGAGGTATT
bta-miR-493 RT	GTCGTATCCAGTGCAGGGTCCGAGGTATTCGCACTGGATACGACCCTGGC
bta-miR-493 F	GCGCGTGAAGGTCTACTGTGT
bta-miR-493 R	AGTGCAGGGTCCGAGGTATT
CART F	ACGCGTCCGGTTTCAGCACCAT
CART R	CTTGACAGATGACATCACAACC

4.2.3　内源性表达检测

经反转录、PCR扩增后，*CART*与miRNA PCR产物分别采用1%和2.5%琼脂糖凝胶电泳检测。由图4-4可知，*bta-miR*-377，*bta-miR*-331-3*p*、*bta-miR*-491、*bta-miR*-877、*bta-miR*-758、*bta-miR*-381、*bta-miR*-493和*CART*在牛下丘脑中均有表达，条带清晰无拖尾，无非特异性条带。通过茎环法特异性反转录引物加长miRNA扩增模板，其PCR产物长度在70 bp左右，*CART*在728 bp左右，切胶测序，序列比对一致。

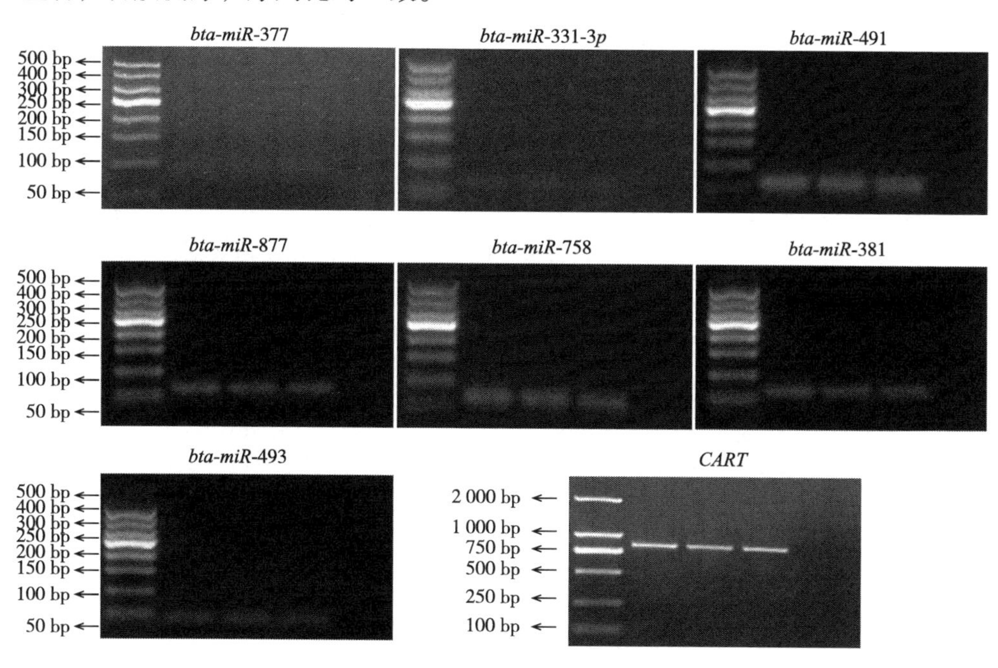

图4-4　*CART*与miRNA凝胶电泳检测

第五章 *CART*与miRNA的靶向验证

生物信息学分析靶向结合是基于结构预测，还需要通过生物学试验进一步验证。目前，试验方法主要有Ago2蛋白免疫共沉淀、RNA-RNA pull down和双荧光素酶报告基因法。Ago2是miRNA行使基因转录后调控的必要蛋白，miRNA成熟后被装配到RISC上，Ago2为miRNA提供锚位点，因此，Ago2能够同时结合mRNA与miRNA，介导靶基因降解和抑制翻译。研究表明，Ago2的减少会导致成熟miRNA的表达及生物活性降低；Ago2蛋白免疫共沉淀技术就是利用这一特征，以Ago2为标记蛋白，免疫纯化垂钓相互结合的miRNA与mRNA。RNA-RNA pull down技术是利用mRNA与miRNA有2～8 nt碱基互补位点，将目标RNA标记生物素，与胞浆提取液孵育，形成RNA-RNA复合物，洗脱获得与目标RNA互作的RNA。应用这2项技术获得的洗脱后物质，经测序均可获得大量靶向RNA，也可采用qRT-PCR技术特异性验证单个靶向关系；但这上述方法对于单个靶基因关系验证较为复杂，成本较高，目前，最为普遍使用的方法为双荧光素酶报告基因法。1988年双荧光素酶报告基因系统已经应用于分子生物学研究，其原理为将萤火虫荧光素酶基因与内参海肾荧光素酶基因共同构建到目标载体上，萤火虫荧光素酶基因正常表达时与萤火虫荧光素酶底物结合，催化荧光素成氧化荧光素，发出黄绿色生物荧光，波长550～570 nm；海肾荧光素酶与底物腔肠素结合，催化为腔肠酰胺发出蓝色荧光，波长465 nm。若候选miRNA能与靶基因结合，会导致下游萤火虫荧光素酶基因无法正常表达，荧光素酶活性降低，反之，无显著差异。这样既能做到归一化处理，同时降低非特异性试验误差，且单质粒转染比双质粒共转染更简单。目前，双荧光素酶报告基因技术已普遍应用于验证miRNA与靶基因mRNA互作效应，通过将目的基因3′UTR区、5′UTR区或CDS区插入到含有双荧光素酶基因的报告载体中，与miRNA共转染细胞检测荧光素酶活性，活性降低则提示有靶向调控作用；同时，ceRNA调控机制、启动子结构分析、转录因子与靶基因结合验证和信号通路激活等研究也多采用这项技术，该技术具有灵敏度高、应用灵活等特点。

5.1　重组载体构建与质粒抽提

5.1.1　载体图谱与载体插入序列

选取GP-miRGLO双荧光素酶报告基因载体，图谱信息见图5-1，载体包括萤火虫荧光素酶基因和海肾荧光素酶基因，以萤火虫荧光素酶为主要报告因子监测miRNA的调控，海肾荧光素酶为对照报告因子进行标准化，插入目的序列见图5-2，载体中目的序列插入位点为7 319 bp ~ 7 381 bp。

MCS
SacI(7 319)
XhoI(7 327)
SV40 poly(A)
SV40 early promter
firefly luciferase
hRluc-neo fusion
PGK promoter
GP-miRGLO
7.4 kb
Synthetic poly(A)
Amp

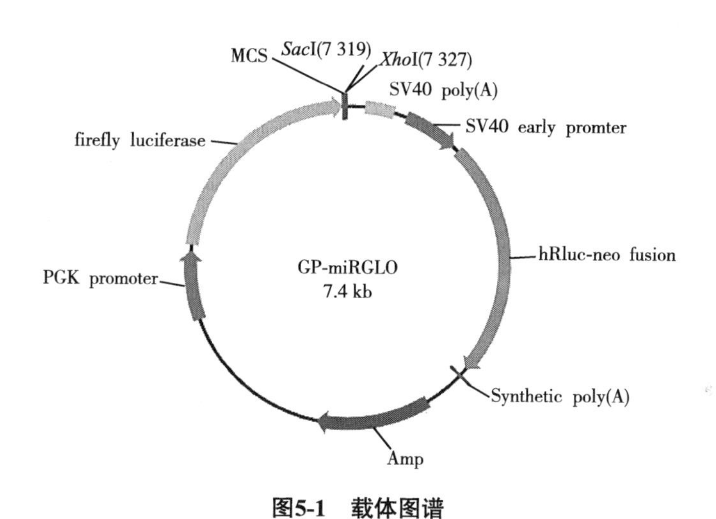

图5-1　载体图谱

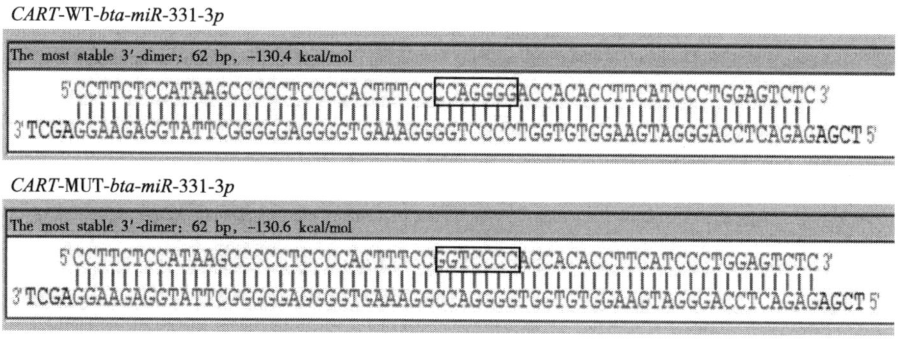

CART-WT-bta-miR-331-3p
The most stable 3′-dimer: 62 bp, -130.4 kcal/mol
5' CCTTCTCCATAAGCCCCCTCCCCACTTTCCCCAGGGGACCACACCTTCATCCCTGGAGTCTC 3'
3' TCGAGGAAGAGGTATTCGGGGGAGGGGTGAAAGGGGTCCCCTGGTGTGGAAGTAGGGACCTCAGAGAGCT 5'
CART-MUT-bta-miR-331-3p
The most stable 3′-dimer: 62 bp, -130.6 kcal/mol
5' CCTTCTCCATAAGCCCCCTCCCCACTTTCCGGTCCCCACCACACCTTCATCCCTGGAGTCTC 3'
3' TCGAGGAAGAGGTATTCGGGGGAGGGGTGAAAGGCCAGGGGTGGTGTGGAAGTAGGGACCTCAGAGAGCT 5'

图5-2　各载体多克隆位点的插入序列信息

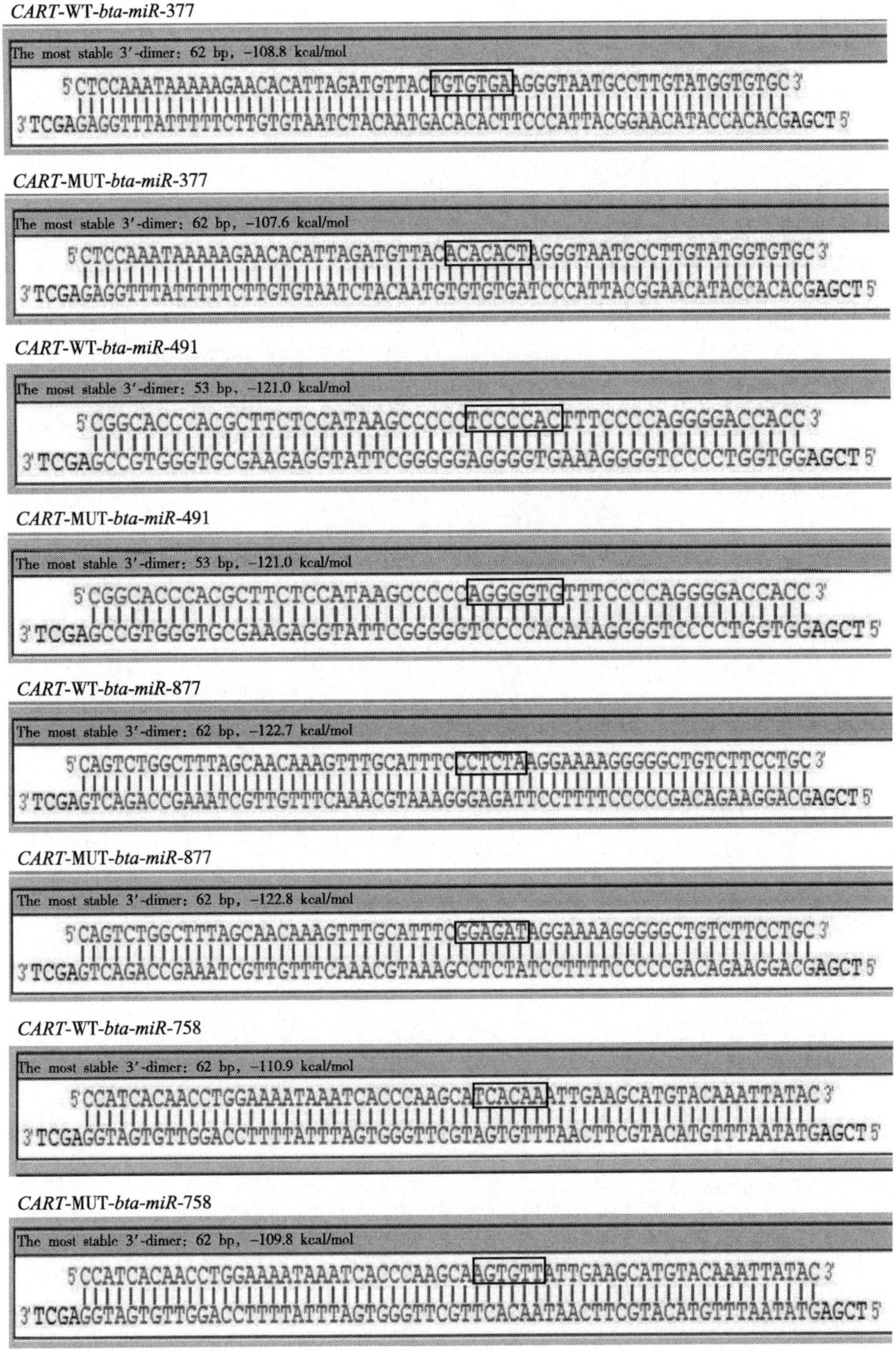

CART-WT-*bta-miR*-377

The most stable 3′-dimer: 62 bp, −108.8 kcal/mol

5′ CTCCAAATAAAAAGAACACATTAGATGTTACTGTGTGAAGGGTAATGCCTTGTATGGTGTGC 3′
3′ TCGAGAGGTTTATTTTTCTTGTGTAATCTACAATGACACACTTCCCATTACGGAACATACCACACGAGCT 5′

CART-MUT-*bta-miR*-377

The most stable 3′-dimer: 62 bp, −107.6 kcal/mol

5′ CTCCAAATAAAAAGAACACATTAGATGTTACACACACTAGGGTAATGCCTTGTATGGTGTGC 3′
3′ TCGAGAGGTTTATTTTTCTTGTGTAATCTACAATGTGTGTGATCCCATTACGGAACATACCACACGAGCT 5′

CART-WT-*bta-miR*-491

The most stable 3′-dimer: 53 bp, −121.0 kcal/mol

5′ CGGCACCCACGCTTCTCCATAAGCCCCCTCCCCACTTTCCCCAGGGGACCACC 3′
3′ TCGAGCCGTGGGTGCGAAGAGGTATTCGGGGGAGGGGTGAAAGGGGTCCCCTGGTGGAGCT 5′

CART-MUT-*bta-miR*-491

The most stable 3′-dimer: 53 bp, −121.0 kcal/mol

5′ CGGCACCCACGCTTCTCCATAAGCCCCCAGGGGTGTTTCCCCAGGGGACCACC 3′
3′ TCGAGCCGTGGGTGCGAAGAGGTATTCGGGGGTCCCCACAAAGGGGTCCCCTGGTGGAGCT 5′

CART-WT-*bta-miR*-877

The most stable 3′-dimer: 62 bp, −122.7 kcal/mol

5′ CAGTCTGGCTTTAGCAACAAAGTTTGCATTTCCCTCTAAGGAAAAGGGGGCTGTCTTCCTGC 3′
3′ TCGAGTCAGACCGAAATCGTTGTTTCAAACGTAAAGGGAGATTCCTTTTCCCCCGACAGAAGGACGAGCT 5′

CART-MUT-*bta-miR*-877

The most stable 3′-dimer: 62 bp, −122.8 kcal/mol

5′ CAGTCTGGCTTTAGCAACAAAGTTTGCATTTCGGAGATAGGAAAAGGGGGCTGTCTTCCTGC 3′
3′ TCGAGTCAGACCGAAATCGTTGTTTCAAACGTAAAGCCTCTATCCTTTTCCCCCGACAGAAGGACGAGCT 5′

CART-WT-*bta-miR*-758

The most stable 3′-dimer: 62 bp, −110.9 kcal/mol

5′ CCATCACAACCTGGAAAATAAATCACCCAAGCATCACAAATTGAAGCATGTACAAATTATAC 3′
3′ TCGAGGTAGTGTTGGACCTTTTATTTAGTGGGTTCGTAGTGTTTAACTTCGTACATGTTTAATATGAGCT 5′

CART-MUT-*bta-miR*-758

The most stable 3′-dimer: 62 bp, −109.8 kcal/mol

5′ CCATCACAACCTGGAAAATAAATCACCCAAGCAAGTGTTATTGAAGCATGTACAAATTATAC 3′
3′ TCGAGGTAGTGTTGGACCTTTTATTTAGTGGGTTCGTTCACAATAACTTCGTACATGTTTAATATGAGCT 5′

图5-2　（续）

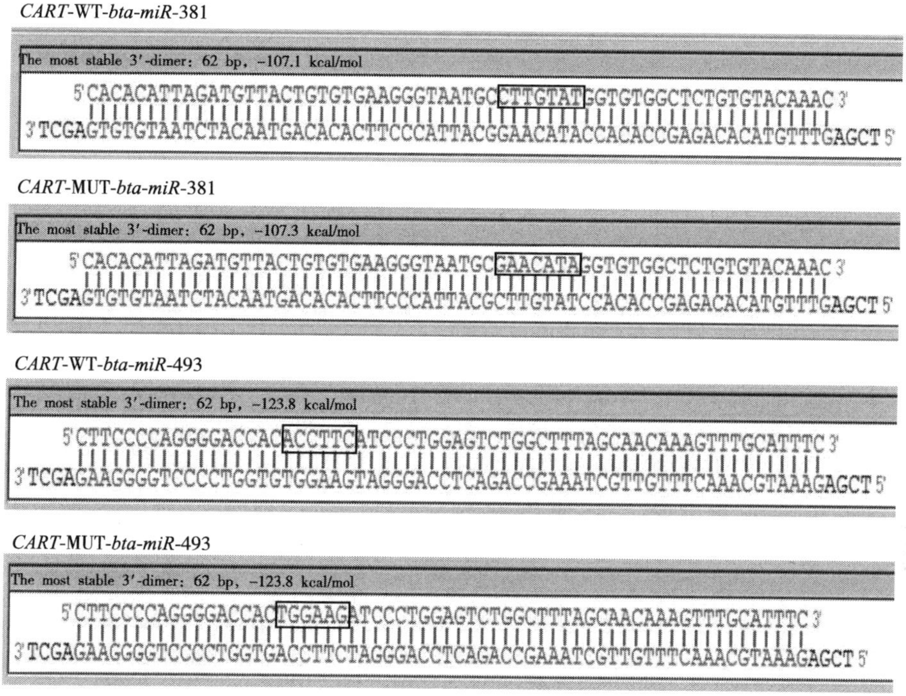

CART-WT-*bta-miR*-381

The most stable 3′-dimer: 62 bp, −107.1 kcal/mol

5′ CACACATTAGATGTTACTGTGTGAAGGGTAATGCCTTGTATGGTGTGGCTCTGTGTACAAAC 3′
3′ TCGAGTGTGTAATCTACAATGACACACTTCCCATTACGGAACATACCACACCGAGACACATGTTTGAGCT 5′

CART-MUT-*bta-miR*-381

The most stable 3′-dimer: 62 bp, −107.3 kcal/mol

5′ CACACATTAGATGTTACTGTGTGAAGGGTAATGCGAACATAGGTGTGGCTCTGTGTACAAAC 3′
3′ TCGAGTGTGTAATCTACAATGACACACTTCCCATTACGCTTGTATCCACACCGAGACACATGTTTGAGCT 5′

CART-WT-*bta-miR*-493

The most stable 3′-dimer: 62 bp, −123.8 kcal/mol

5′ CTTCCCCAGGGGACCACACCTTCATCCCTGGAGTCTGGCTTTAGCAACAAAGTTTGCATTTC 3′
3′ TCGAGAAGGGGTCCCCTGGTGTGGAAGTAGGGACCTCAGACCGAAATCGTTGTTTCAAACGTAAAGAGCT 5′

CART-MUT-*bta-miR*-493

The most stable 3′-dimer: 62 bp, −123.8 kcal/mol

5′ CTTCCCCAGGGGACCACTGGAAGATCCCTGGAGTCTGGCTTTAGCAACAAAGTTTGCATTTC 3′
3′ TCGAGAAGGGGTCCCCTGGTGACCTTCTAGGGACCTCAGACCGAAATCGTTGTTTCAAACGTAAAGAGCT 5′

图5-2 （续）

5.1.2 重组载体构建

退火法获得插入序列，构建酶切反应体系：5 μL 10 × buffer、5 μL GP-miRGLO、1 μL *Sac* Ⅰ（10 U/μL）、1 μL *Xho* Ⅰ（10 U/μL）、38 μL ddH_2O，37 ℃酶切2 h；琼脂糖凝胶电泳回收双酶切GP-miRGLO载体条带。构建连接反应体系：2 μL T_4 DNA ligase buffer、2 μL GP-miRGLO、1 μL dsDNA（200 nmol/L）、1 μL T_4 DNA ligase、14 μL ddH_2O，22 ℃连接2 h。

5.1.3 蓝白斑筛选及质粒抽提

感受态细胞涂布于LB固体培养基上，37 ℃培养16 h，挑取单菌落于100 mL LB液体培养基中，37 ℃ 300 r/min振摇培养3 h；细胞重悬2次后，连接产物转化感受态细胞，观察培养基表面蓝白菌落，挑取多个单一白色菌落于LB液体培养基中（含50 μg/mL氨苄青霉素），37 ℃ 250 r/min摇床培养10 h；取200 μL菌液送生工生物工程（上海）股份有限公司测序，剩余菌液用甘油保存。

测序结果与目的基因序列进行比对，重组成功后，用保存的甘油菌液接种至LB液体培养基，37 ℃ 250 r/min摇床培养10 h，E.Z.N.A.® Endo-Free Plasmid DNA Mini Kit II进行质粒抽提。*CART* 3′UTR野生型和突变型重组质粒测序结果经序列比对，确定序列来自靶基因*CART* 3′UTR区，插入序列总长60 bp左右，包含结合位点或突变位点和周围序列。测序可知*bta-miR*-377野生型靶位点序列TGTGTGA突变为ACACACT；*bta-miR*-331-3*p*野生型靶位点序列CCAGGGG突变为GGTCCCC；*bta-miR*-491野生型靶位点序列TCCCCAC突变为AGGGGTG；*bta-miR*-877野生型靶位点序列CCTCTA突变为GGAGAT；*bta-miR*-758野生型靶位点序列TCACAA突变为AGTGTT；*bta-miR*-381野生型靶位点序列CTTGTAT突变为GAACATA；*bta-miR*-493野生型靶位点序列ACCTTC突变为TGGAAG。某些miRNA靶位点距离相近，故同一载体中出现两个或多个结合位点时，试验误差较大，因此本试验中构建的载体均是单位点载体。种子区突变符合常规突变模式A/T与G/C互变。一对野生型与突变型载体中除种子区和突变位点外其余序列一致，说明*bta-miR*-377、*bta-miR*-331-3*p*、*bta-miR*-491、*bta-miR*-877、*bta-miR*-758、*bta-miR*-381、*bta-miR*-493与*CART* 3′UTR靶向结合位点与突变位点已成功构建到GP-miRGLO载体中，可用于后续双荧光检测。

5.2 *CART*与miRNA的靶向结合检测

试验分组为miRNA mimic+*CART*-WT、miRNA mimic+*CART*-MUT、*NC* mimic+*CART*-WT、*NC* mimic+*CART*-MUT、miRNA mimic+GP-miRGLO和*NC* mimic+GP-miRGLO共6组。

细胞共转染后，取100 μL上清液加入黑色酶标板中，添加100 μL萤光虫荧光素酶检测液，快速放入酶标仪中检测获得数据一；再向孔中加入海肾荧光素酶检测液，获得数据二；最终结果取数据一/数据二。运用GraphPad Prism 8一般线性模型对试验数据进行单因素方差性分析。

5.2.1 *bta-miR*-377与*CART* 3′UTR双荧光素酶报告基因活性检测

bta-miR-377与*CART*-WT-*bta-miR*-377共转染时，与*NC* mimic+*CART*-WT-*bta-miR*-377组相比相对荧光活性差异极显著（$P<0.01$）；*bta-miR*-377与

CART-MUT-*bta-miR*-377共转染时，相对荧光活性与*NC* mimic+*CART*-MUT-*bta-miR*-377组相比无显著差异（图5-3）。表明*bta-miR*-377可极显著抑制*CART* 3′UTR野生型载体中荧光素酶活性，抑制荧光信号产生。

5.2.2 *bta-miR*-331-3*p*与*CART* 3′UTR双荧光素酶报告基因活性检测

bta-miR-331-3*p*与*CART*-WT-*bta-miR*-331-3*p*共转染时，与*NC* mimic+*CART*-WT-*bta-miR*-331-3*p*组相比相对荧光活性差异极显著（$P<0.01$）；*bta-miR*-331-3*p*与*CART*-MUT-*bta-miR*-331-3*p*共转染时，相对荧光活性与*NC* mimic+*CART*-MUT-*bta-miR*-331-3*p*组相比无显著差异（图5-4）。表明*bta-miR*-331-3*p*可极显著抑制*CART* 3′UTR野生型载体中荧光素酶活性，抑制荧光信号产生。

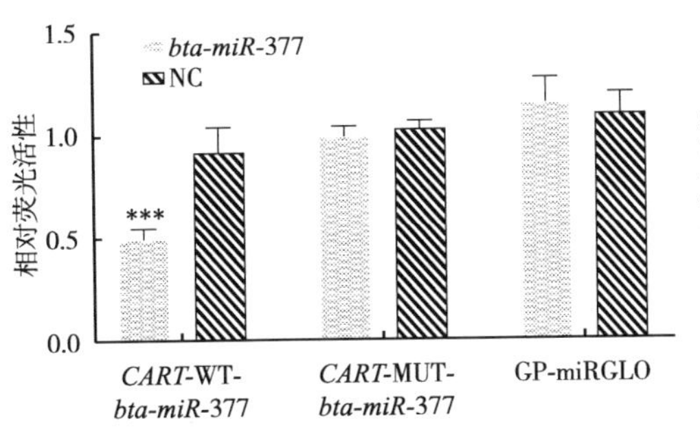

CART-WT-*bta-miR*-377—*CART* 3′UTR与*bta-miR*-377结合位点的野生型序列构建入GP-miRGLO载体组；*CART*-MUT-*bta-miR*-377—*CART* 3′UTR与*bta-miR*-377结合位点突变型序列构建入GP-miRGLO载体组；GP-miRGLO—空载体组。

图5-3 *bta-miR*-377与*CART* 3′UTR双荧光素酶报告基因检测

（***表示*P*<0.01水平差异极显著）

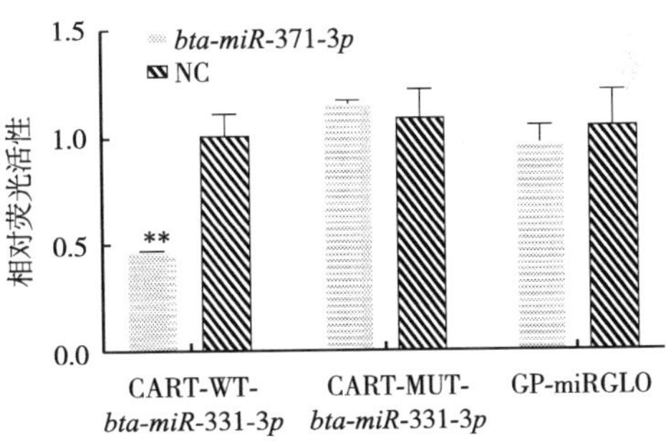

CART-WT-*bta-miR*-331-3*p*—*CART* 3′UTR与*bta-miR*-331-3*p*结合位点的野生型序列构建入GP-miRGLO载体组；*CART*-MUT-*bta-miR*-331-3*p*—*CART* 3′UTR与*bta-miR*-331-3*p*结合位点的突变型序列构建入GP-miRGLO载体组；GP-miRGLO—空载体组。

图5-4 *bta-miR*-331-3*p*与*CART* 3′UTR双荧光素酶报告基因检测

（**表示*P*<0.01水平差异极显著）

5.2.3 *bta-miR*-491与*CART* 3′UTR双荧光素酶报告基因活性检测

bta-miR-491与*CART*-WT-*bta-miR*-491共转染时，与*NC* mimic+*CART*-WT-*bta-miR*-491组相比相对荧光活性差异极显著（$P<0.01$）；*bta-miR*-491与*CART*-MUT-*bta-miR*-491共转染时，相对荧光活性与*NC* mimic+*CART*-MUT-*bta-miR*-491组相比无显著差异（图5-5）。表明*bta-miR*-491可极显著抑制*CART* 3′UTR野生型载体中荧光素酶活性，抑制荧光信号产生。

5.2.4 *bta-miR*-877与*CART* 3′UTR双荧光素酶报告基因活性检测

bta-miR-877与*CART*-WT-*bta-miR*-877共转染时，与*NC* mimic+*CART*-WT-*bta-miR*-877组相比相对荧光活性差异极显著（*P*<0.01）；*bta-miR*-877与*CART*-MUT-*bta-miR*-877共转染时，相对荧光活性与*NC* mimic+*CART*-MUT-*bta-miR*-877组相比无显著差异（图5-6）。表明*bta-miR*-877可极显著抑制*CART* 3′UTR野生型载体中荧光素酶活性，抑制荧光信号产生。

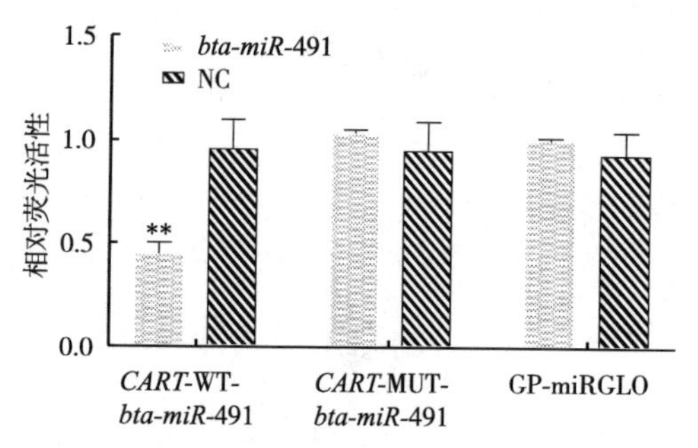

CART-WT-*bta-miR*-491—*CART* 3′UTR与*bta-miR*-491结合位点的野生型序列构建入GP-miRGLO载体组；*CART*-MUT-*bta-miR*-491—*CART* 3′UTR与*bta-miR*-491结合位点的突变型序列构建入GP-miRGLO载体组；GP-miRGLO—空载体组。

图5-5 *bta-miR*-491与*CART* 3′UTR双荧光素酶报告基因检测

（**表示*P*<0.01水平差异极显著）

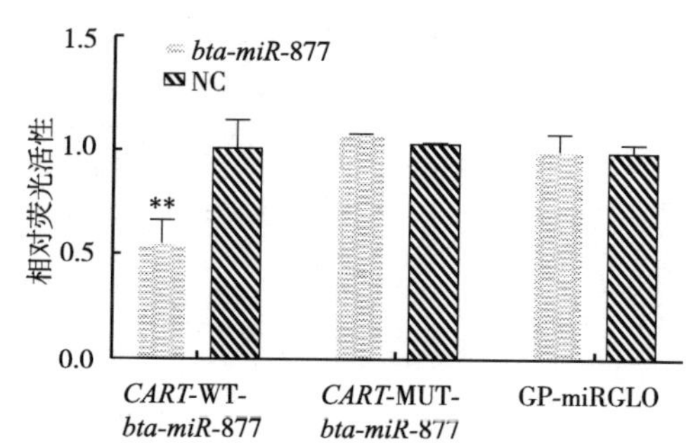

CART-WT-*bta-miR*-877—*CART* 3′UTR与*bta-miR*-877结合位点的野生型序列构建入GP-miRGLO载体组；*CART*-MUT-*bta-miR*-877—*CART* 3′UTR与*bta-miR*-877结合位点突变型序列构建入GP-miRGLO载体组；GP-miRGLO—空载体组。

图5-6 *bta-miR*-877与*CART* 3′UTR双荧光素酶报告基因检测

（**表示*P*<0.01水平差异极显著）

5.2.5 *bta-miR*-758与*CART* 3′UTR双荧光素酶报告基因活性检测

bta-miR-758与*CART*-WT-*bta-miR*-758共转染时，与*NC* mimic+*CART*-WT-*bta-miR*-758组相比相对荧光活性差异极显著（*P*<0.01）；*bta-miR*-758与*CART*-MUT-*bta-miR*-758共转染时，相对荧光活性与*NC* mimic+*CART*-MUT-*bta-miR*-758组相比无显著差异（图5-7）。表明*bta-miR*-758可极显著抑制*CART* 3′UTR野生型载体中荧光素酶活性，抑制荧光信号产生。

5.2.6 *bta-miR*-381与*CART* 3′UTR双荧光素酶报告基因活性检测

bta-miR-381与*CART*-WT-*bta-miR*-381共转染时，与*NC* mimic+*CART*-WT-*bta-miR*-381组相比相对荧光活性差异极显著（*P*<0.01）；*bta-miR*-381与*CART*-MUT-*bta-miR*-381共转染时，相对荧光活性与*NC* mimic+*CART*-MUT-*bta-miR*-381组相比无显著差异（图5-8）。表明*bta-miR*-381可极显著抑制

CART 3′UTR野生型载体中荧光素酶活性，抑制荧光信号产生。

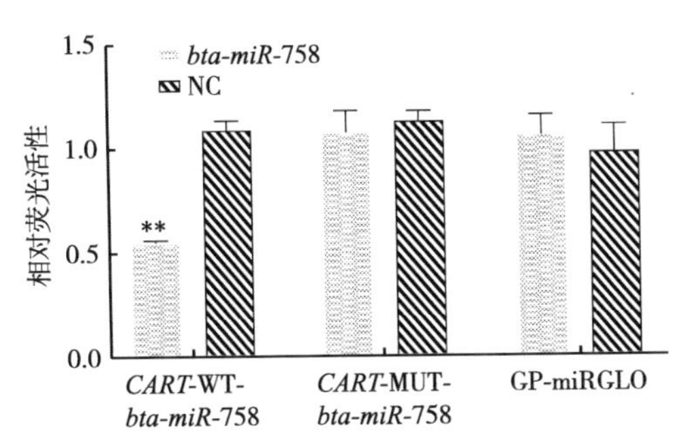

CART-WT-*bta-miR*-758—*CART* 3′UTR与*bta-miR*-758结合位点的野生型序列构建入GP-miRGLO载体组；*CART*-MUT-*bta-miR*-758—*CART* 3′UTR与*bta-miR*-758结合位点的突变型序列构建入GP-miRGLO载体组；GP-miRGLO—空载体组。

图5-7　*bta-miR*-758与*CART* 3′UTR双荧光素酶报告基因检测

（**表示*P*<0.01水平差异极显著）

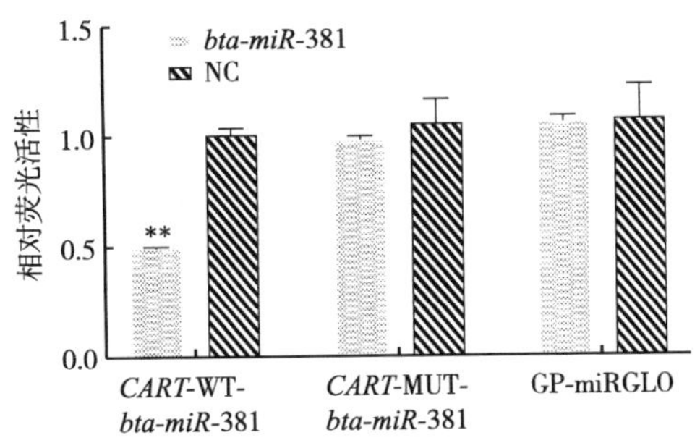

CART-WT-*bta-miR*-381—*CART* 3′UTR与*bta-miR*-381结合位点的野生型序列构建入GP-miRGLO载体组；*CART*-MUT-*bta-miR*-381—*CART* 3′UTR与*bta-miR*-381结合位点的突变型序列构建入GP-miRGLO载体组；GP-miRGLO—空载体组。

图5-8　*bta-miR*-381与*CART* 3′UTR双荧光素酶报告基因检测

（**表示*P*<0.01水平差异极显著）

5.2.7　*bta-miR*-493与*CART* 3′UTR双荧光素酶报告基因活性检测

bta-miR-493与*CART*-WT-*bta-miR*-493共转染时，与*NC* mimic+*CART*-WT-*bta-miR*-493组相比相对荧光活性差异显著（*P*<0.05）；*bta-miR*-493与*CART*-MUT-*bta-miR*-493共转染时，相对荧光活性与*NC* mimic+*CART*-MUT-*bta-miR*-493组相比无显著差异（图5-9）。表明*bta-miR*-493可显著抑制*CART* 3′UTR野生型载体中荧光素酶活性，抑制荧光信号产生。

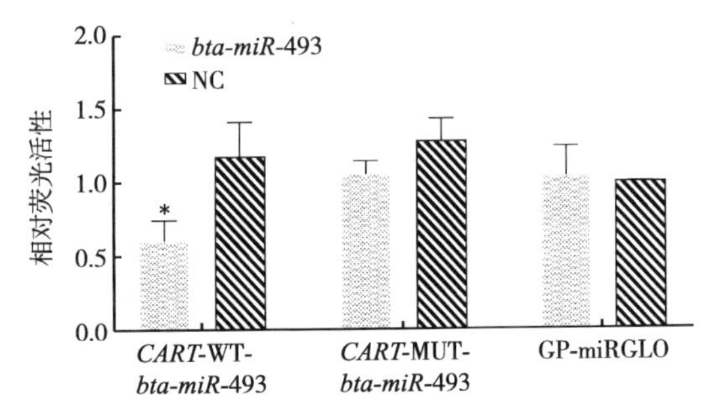

CART-WT-*bta-miR*-493—*CART* 3′UTR与*bta-miR*-493结合位点的野生型序列构建入GP-miRGLO载体组；*CART*-MUT-*bta-miR*-493—*CART* 3′UTR与*bta-miR*-493结合位点的突变型序列构建入GP-miRGLO载体组；GP-miRGLO—空载体组。

图5-9　*bta-miR*-493与*CART* 3′UTR双荧光素酶报告基因检测

（*表示*P*<0.05水平差异显著）

本章通过重组载体构建、双荧光素酶报告基因法细胞共转染，明确了*bta-miR*-377、*bta-miR*-331-3*p*、*bta-miR*-491、*bta-miR*-877、*bta-miR*-758、*bta-miR*-381、*bta-miR*-493与*CART* 3′UTR均具有靶向结合性，其中，*bta-miR*-377与*CART* 3′UTR靶向结合性最强，*bta-miR*-493最弱，可进一步从细胞水平验证miRNA对*CART*基因表达调控作用。

第六章 miRNAs对牛下丘脑CART转录后表达的调控作用

通过生信分析发现，*CART* mRNA的3′UTR区存在7个miRNAs的结合位点。这7个miRNAs分别为*bta-miR*-377、*bta-miR*-331-3*p*、*bta-miR*-491、*bta-miR*-493、*bta-miR*-758、*bta-miR*-877和*bta-miR*-381，经鉴定在牛下丘脑组织中均有表达，且通过双荧光素酶报告基因技术证明了*CART* mRNA的3′UTR区与7个miRNAs均有靶向结合关系。miRNA可通过调控靶基因抑制蛋白质的翻译，从而影响其生物学功能。明确下丘脑CART表达调控的miRNA网络及其关键miRNA，对后期miRNA调控CART表达药物设计和应用以及提高单胎家畜的排卵率具有重要意义。本章从细胞和实验动物水平进一步探究miRNA对牛下丘脑CART转录后调控的作用，并筛选关键调控miRNA。

6.1 miRNAs对CART抑制作用的比较研究

过表达载体可携带特定DNA片段进入宿主细胞，在宿主细胞内进行复制、转录及翻译，使其大量表达mRNA及蛋白。牛*CART*基因位于20号染色体，包括3个外显子和2个内含子，CDS区为351 bp，编码116个氨基酸。本部分重点通过构建牛*CART*过表达载体对*CART*转录后表达调控进行研究。在构建载体时为了操作简便及避免其他作用因子对mRNA UTR区的调控，通常只将基因的CDS区构建在过表达载体上，使其表达出目的蛋白。通过构建pEX-3-*CART* mRNA+UTR过表达载体，明确*bta-miR*-377、*bta-miR*-331-3*p*、*bta-miR*-491、*bta-miR*-493及*bta-miR*-381均能通过与*CART* mRNA 3′UTR区不完全结合抑制CART表达，且综合基因与蛋白表达结果分析，*bta-miR*-491、*bta-miR*-381对CART表达的抑制效果最强。

6.1.1 细胞培养与细胞转染

将冻存的293T细胞取出后于37 ℃水浴锅解冻、复苏培养，当细胞汇合至

80%以上，经清洗消化、细胞计数，将细胞浓度调整为2×10^5个/mL后接种于6孔板，每孔中完全培养液补至2 mL后置于37 ℃，5% CO_2恒温培养箱培养。

设置7个试验组：*miR*-377+*CART*组、*miR*-331-3*p*+*CART*组、*miR*-491+*CART*组、*miR*-493+*CART*组、*miR*-758+*CART*组、*miR*-877+*CART*组和*miR*-381+*CART*组；1个阳性对照组：*NC*+*CART*组；8个阴性对照组：*miR*-377+pEX-3组、*miR*-331-3*p*+pEX-3组、*miR*-491+pEX-3组、*miR*-493+pEX-3组、*miR*-758+pEX-3组、*miR*-877+pEX-3组、*miR*-381+pEX-3组和*NC*+pEX-3组；1个转染试剂对照组：TransIntro™ EL组；1个空白细胞组。每组3次重复。bta-miRNAs mimics与*NC*合成片段见表6-1。

表6-1　bta-miRNAs mimics与*NC*序列

名称	序列（5′-3′）
bta-miR-377 mimics	AUCACACAAAGGCAACUUUUGU
	AAAAGUUGCCUUUGUGUGAUUU
bta-miR-331-3*p* mimics	GCCCCUGGGCCUAUCCUAGAA
	CUAGGAUAGGCCCAGGGGCUU
bta-miR-491 mimics	AGUGGGGAACCCUUCCAUGAGG
	UCAUGGAAGGGUUCCCCACUUU
bta-miR-493 mimics	UGAAGGUCUACUGUGUGCCAGG
	UGGCACACAGUAGACCUUCAUU
bta-miR-758 mimics	UUUGUGACCUGGUCCACUAACC
	UUAGUGGACCAGGUCACAAAUU
bta-miR-877 mimics	GUAGAGGAGAUGGCGCAGGG
	CUGCGCCAUCUCCUCUACUU
bta-miR-381 mimics	UAUACAAGGGCAAGCUCUCUGU
	AGAGAGCUUGCCCUUGUAUAUU
NC	UUCUCCGAACGUGUCACGUTT
	ACGUGACACGUUCGGAGAATT

将4 μg质粒DNA/pEX-3与250 pmol miRNA/*NC*加入200 μL DMEM basic（1×）培养基中混匀，室温放置5 min；将12 μL TransIntro™ EL加入200 μL DMEM basic（1×）培养基混匀，室温放置5 min；将稀释后的TransIntro™ EL加入稀释后的质粒DNA与miRNA的混合液中混匀，室温放置15～20 min后继续培养。

6.1.2　bta-miRNAs mimics过表达检测

设计引物（表6-2）进行qRT-PCR检测，7个miRNAs在miRNAs+*CART*组、miRNAs+pEX-3组均有表达，且miRNAs+pEX-3组中miRNAs的表达均极显著高于miRNAs+*CART*组（P<0.000 1），*NC*+*CART*组、*NC*+pEX-3组、转染试剂组、空白细胞组均未检测到miRNAs表达（图6-1）。表明7个bta-miRNAs均过表达成功，且在*miR*-377+*CART*组、*miR*-331-3*p*+*CART*组、*miR*-491+*CART*组、*miR*-493+*CART*组、*miR*-758+*CART*组、*miR*-877+*CART*组及*miR*-381+*CART*组中，bta-miRNAs与*CART* mRNA通过互作降低了bta-miRNAs的相对表达量。

表6-2　引物序列

名称	引物（5′-3′）
β-actin	F：GGGACCTGACTGACTACCTC
	R：TCATACTCCTGCTTGCTGAT
CART	F：CCTGCTGCTGCTGCTACCTTTG
	R：CCACGGCGGAGTAGATGTCCAG
U6	F：GGAACGATACAGAGAAGATTAGC
	R：TGGAACGCTTCACGAATTTGCG
miR-377	F：TCGCATCACACAAAGGCAACTTTTGT
miR-331-3*p*	F：GCCCCTGGGCCTATCCTAG
miR-491	F：ATAGTGGGGAACCCTTCCATGAGG
miR-493	F：TGAAGGTCTACTGTGTGCCAGG
miR-758	F：CCTTTGTGACCTGGTCCACTAACC
miR-877	F：ATATGTAGAGGAGATGGCGCAGGG
miR-381	F：CCGTATACAAGGGCAAGCTCTCTGT

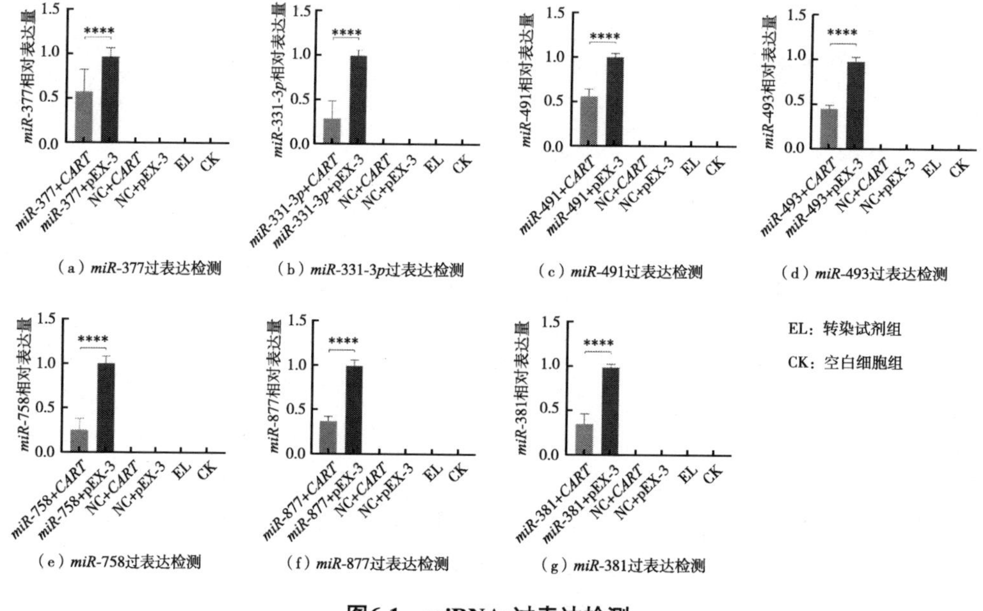

图6-1　miRNAs过表达检测

（****表示*P*<0.000 1）

6.1.3　*CART* mRNA表达检测

qRT-PCR检测18个分组中*CART* mRNA的相对表达量，结果如图6-2所示：*CART* mRNA在7个试验组（*miR*-377+*CART*组、*miR*-331-3*p*+*CART*组、*miR*-491+*CART*组、*miR*-493+*CART*组、*miR*-758+*CART*组、*miR*-877+*CART*组和*miR*-381+*CART*组）及*NC*+*CART*组中均有表达，8个阴性对照组（*miR*-377+pEX-3组、*miR*-331-*3p*+pEX-3组、*miR*-491+pEX-3组、*miR*-493+pEX-3组、*miR*-758+pEX-3组、*miR*-877+pEX-3组、*miR*-381+pEX-3组和*NC*+pEX-3组）、转染试剂对照组及空白组未检测到*CART* mRNA表达，表明pEX-3-*CART* mRNA+UTR重组质粒成功转染293T细胞且完整表达出*CART* mRNA+UTR序列。

7个试验组中，*CART* mRNA的表达量均极显著低于*NC*+*CART*组（*P*<0.000 1）；*miR*-377+*CART*组、*miR*-331-3*p*+*CART*组、*miR*-491+*CART*组、*miR*-758+*CART*组及*miR*-877+*CART*组中*CART* mRNA表达量均极显著低于*miR*-493+*CART*组、*miR*-381+*CART*组（*P*<0.000 1）；*miR*-331-3*p*+*CART*组、*miR*-491+*CART*组及*miR*-877+*CART*组中*CART* mRNA表达量均极显著低于*miR*-377+*CART*组、*miR*-758+*CART*组（*P*<0.000 1）；*miR*-491+*CART*组中*CART* mRNA表达量极显著低于*miR*-331-3*p*+*CART*组、*miR*-877+*CART*组（*P*<0.000 1）。

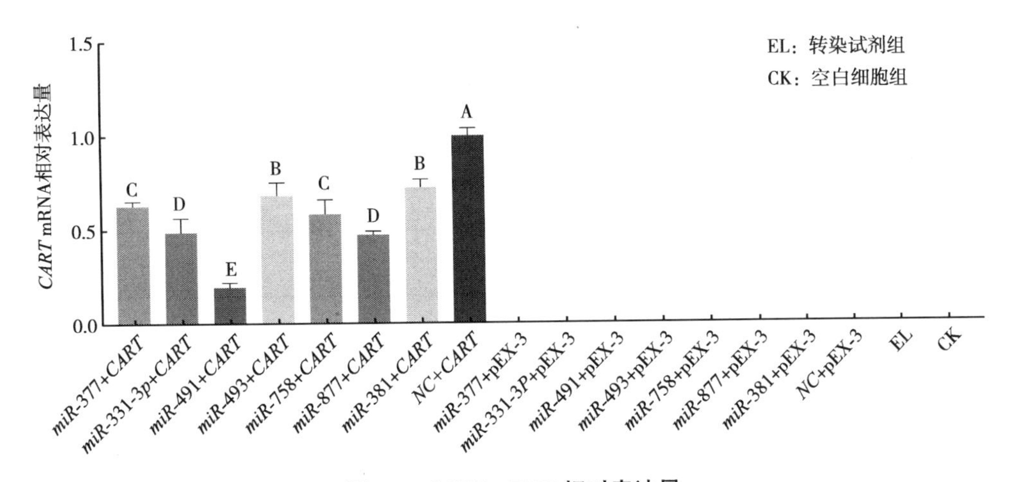

图6-2　*CART* mRNA相对表达量

［图中不同上标字母代表差异极显著（$P<0.000\ 1$）］

由此可知，7个bta-miRNAs均可抑制*CART* mRNA的表达（$P<0.000\ 1$），其中，*bta-miR*-491抑制效果最强，*bta-miR*-331-3*p*、*bta-miR*-877抑制效果次之（二者$P>0.05$），*bta-miR*-377和*bta-miR*-758抑制效果较弱（二者$P>0.05$）、*bta-miR*-493和*bta-miR*-381抑制效果最弱（二者$P>0.05$）。

6.1.4　CART蛋白表达检测

Western blot检测各组CART蛋白的表达，*miR*-377+*CART*组中CART蛋白表达量极显著低于*NC*+*CART*组（$P<0.01$），*miR*-331-3*p*+*CART*组中CART蛋白表达量显著低于*NC*+*CART*组（$P<0.05$）（图6-3-a、图6-3-e）；*miR*-491+*CART*组中CART蛋白表达量极显著低于*NC*+*CART*组（$P<0.01$），*miR*-493+*CART*组中CART蛋白表达量显著低于*NC*+*CART*组（$P<0.05$）（图6-3-b、图6-3-f）；*miR*-758+*CART*组、*miR*-877+*CART*组中CART蛋白表达量与*NC*+*CART*组相比无显著差异（$P>0.05$）（图6-3-c、图6-3-g）；*miR-381*+*CART*组中CART蛋白表达量极显著低于*NC*+*CART*组（$P<0.001$）（图6-3-d、图6-3-h）。

由此可知，*bta-miR*-381对CART蛋白表达抑制作用最强（$P<0.001$）；*bta-miR*-377、*bta-miR*-491对CART蛋白表达抑制作用次之（$P<0.01$）；*bta-miR*-331-3*p*、*bta-miR*-493对CART蛋白表达抑制作用较差（$P<0.05$）；*bta-miR*-758、*bta-miR*-877对CART蛋白表达无显著抑制作用（$P>0.05$）。

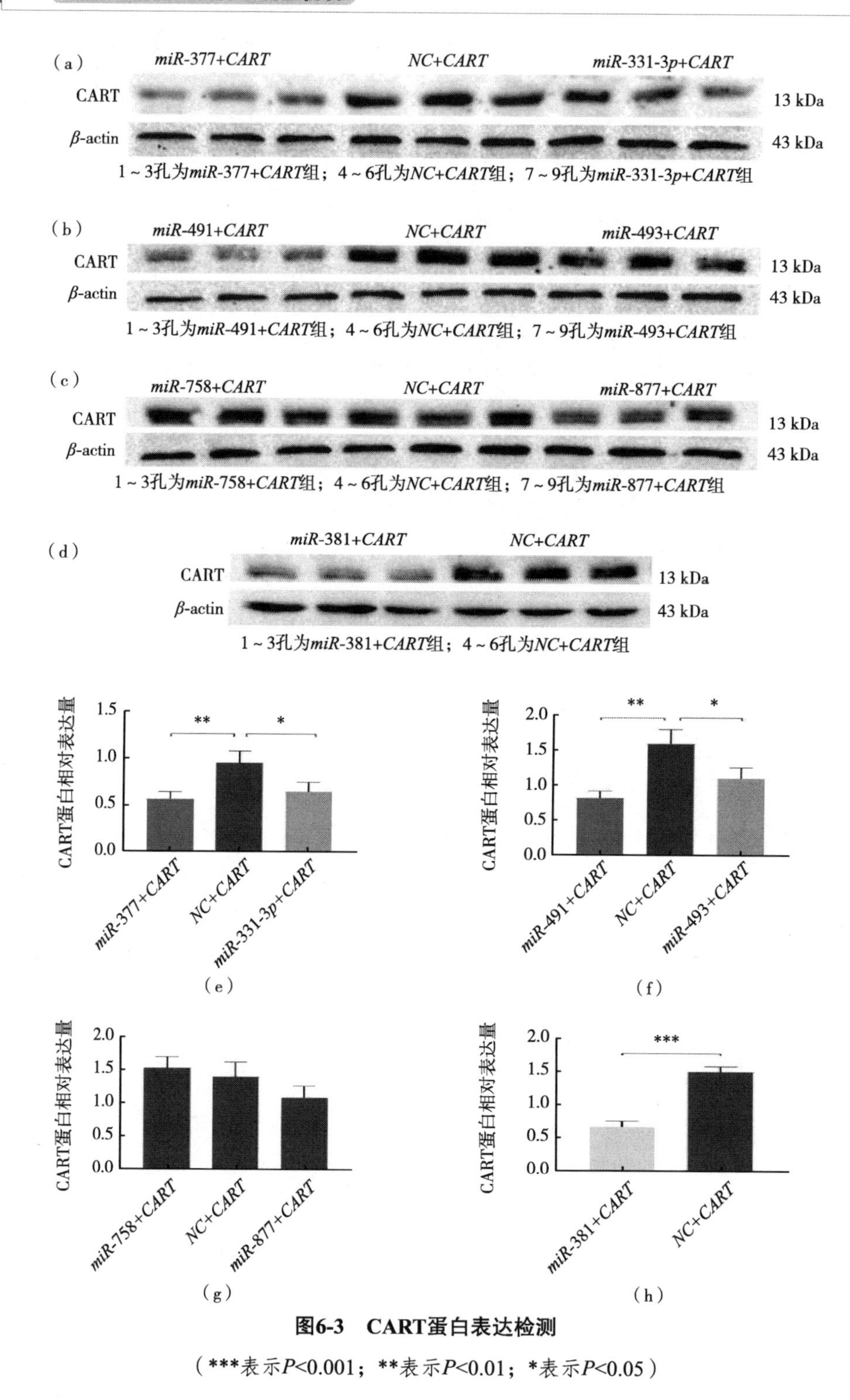

图6-3 CART蛋白表达检测

(***表示$P<0.001$；**表示$P<0.01$；*表示$P<0.05$)

综上所述，在细胞过表达试验中，qRT-PCR技术检测发现，7个miRNAs均能抑制*CART* mRNA的表达（*P*<0.000 1），其中，*bta-miR*-491抑制效果最强（*P*<0.000 1），*bta-miR*-331-3*p*、*bta-miR*-877抑制效果次之（二者*P*>0.05），*bta-miR*-377和*bta-miR*-758抑制效果较弱（*P*>0.05）、*bta-miR*-493和*bta-miR*-381抑制效果最弱（二者*P*>0.05）；Western blot技术检测发现，*bta-miR*-377、*bta-miR*-331-3*p*、*bta-miR*-491、*bta-miR*-493及*bta-miR*-381均能抑制CART蛋白表达，且*bta-miR*-381抑制效果最强（*P*<0.001）、*bta-miR*-491、*bta-miR*-377抑制效果次之（*P*<0.01）、*bta-miR*-331-3*p*、*bta-miR*-493抑制效果较弱（*P*<0.05）、*bta-miR*-758和*bta-miR*-877对CART蛋白的表达无显著影响（二者*P*>0.05）。从基因和蛋白表达情况综合分析，最终确定*bta-miR*-491、*bta-miR*-381对CART表达抑制效果最强。

6.2　*miR*-491、*miR*-381对模型动物CART表达和分泌的影响

与细胞试验不同，动物活体内基因表达调控更加复杂、精密，受多种调控因子和内环境的影响。通过调控动物模型中miRNA的表达来验证体外试验结果是深入研究基因表达调控机制的重要手段之一。本部分研究选取细胞试验中对*CART*基因和CART蛋白抑制效果最佳的miRNA（*miR*-491、*miR*-381）进行动物体内试验；小鼠的*miR*-491、*miR*-381序列与牛一致，且*miR*-491、*miR*-381序列与*CART* mRNA 3′UTR区结合位点也与牛相同，因此，选择ICR小鼠进行动物活体试验。

6.2.1　试验动物及侧脑室药物注射

70只6周龄SPF级ICR雌性小鼠购自斯贝福（北京）生物技术有限公司。所有小鼠适应性饲养1周后随机分为7组（*agomiR*-491组、*antagomiR*-491组、*agomiR*-381组、*antagomiR*-381组、*NC*组、生理盐水组、空白组），每组10只，小鼠自由进水和摄食。

mmu-agomiRNA mimics、mmu-antagomiRNA mimics与*NC*片段由上海吉玛制药技术有限公司合成，序列见表6-3。核酸与活体转染试剂恢复至室温后，纯水将核酸稀释为1.5 μg/μL，按照1：2的比例将活体转染试剂加入稀释后的核酸溶液，立即充分振荡混匀，室温静置15 min。

表6-3 mmu-agomiRNA mimics、mmu-antagomiRNA mimics与*NC*序列

序列名称	序列（5′-3′）
mmu-agomiR-491 mimics	AGUGGGGAACCCUUCCAUGAGG
	UCAUGGAAGGGUUCCCCACUUU
mmu-antagomiR-491 mimics	CCUCAUGGAAGGGUUCCCCACU
mmu-agomiR-381 mimics	UAUACAAGGGCAAGCUCUCUGU
	AGAGAGCUUGCCCUUGUAUAUU
mmu-antagomiR-381 mimics	ACAGAGAGCUUGCCCUUGUAUA
NC	UUCUCCGAACGUGUCACGUTT
	ACGUGACACGUUCGGAGAATT

小鼠固定后，75%酒精擦拭小鼠皮肤表面，注射部位为头部正中线与两耳连线的交点向左或向右1.2 mm，垂直颅骨进针2.2 mm；2 μL微量注射器进行侧脑室注射，1 μL/min流量注射核酸与活体转染试剂混合物，生理盐水组以相同流速注射2 μL，空白组不注射。注射后观察小鼠活力，无异样可放回鼠笼。

为评价侧脑室注射对小鼠体重与摄食量的影响，每24 h采集一次小鼠的摄食量，结果如图6-4所示，注射RNA与生理盐水均对小鼠的摄食无显著影响（$P>0.05$）。每48 h对小鼠进行称重，结果如图6-5所示，注射RNA与生理盐水均对小鼠的体重无显著影响（$P>0.05$）。

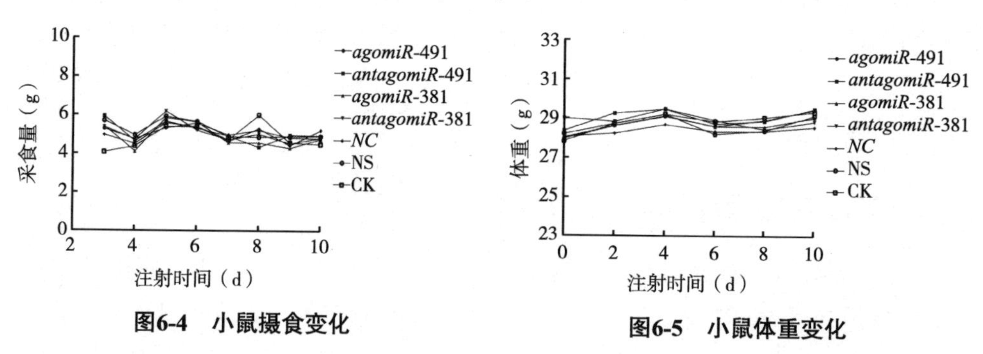

图6-4 小鼠摄食变化

图6-5 小鼠体重变化

6.2.2 下丘脑miRNA表达检测

注射72 h后，左手拇指、中指和食指抓取小鼠颈部头皮，小指和无名指固定尾部，轻压眼部皮肤使眼球充血突出，用镊子夹取眼球并快速摘取，离心管接取血液，当血液滴入速度变慢时轻按小鼠心脏部位以获取更多血液。全血室温下倾斜45°放置2 h，待血清自然析出后，4 ℃，4 000 r/min离心10 min，取上清液，分装标记后保存于-80 ℃。通过脊椎脱臼法处死小鼠，剪下头部分离下丘脑，液氮速冻后于-80 ℃保存备用。

qRT-PCR检测*miR*-491在*agomiR*-491组、*antagomiR*-491组、*NC*组、生理盐水组及空白组小鼠下丘脑组织的表达情况，结果如图6-6-a所示，*agomiR*-491组中*miR*-491表达量极显著高于空白组（*P*<0.000 1）；*antagomiR*-491组中*miR*-491表达量极显著低于空白组（*P*<0.000 1）；*NC*组、生理盐水组中*miR*-491表达量与空白组无显著差异（*P*>0.05）。表明*miR*-491在小鼠下丘脑的过表达及沉默均取得成功。

qRT-PCR检测*miR*-381在*agomiR*-381组、*antagomiR*-381组、*NC*组、生理盐水组及空白组小鼠下丘脑组织的表达情况，结果如图6-6-b所示，*agomiR*-381组中*miR*-381表达量极显著高于空白组（*P*<0.000 1）；*antagomiR*-381组中*miR*-381表达量显著低于空白组（*P*<0.05）；*NC*组、生理盐水组中*miR*-381表达量与空白组无显著差异（*P*>0.05）。表明*miR*-381在小鼠下丘脑的过表达及沉默均取得成功。

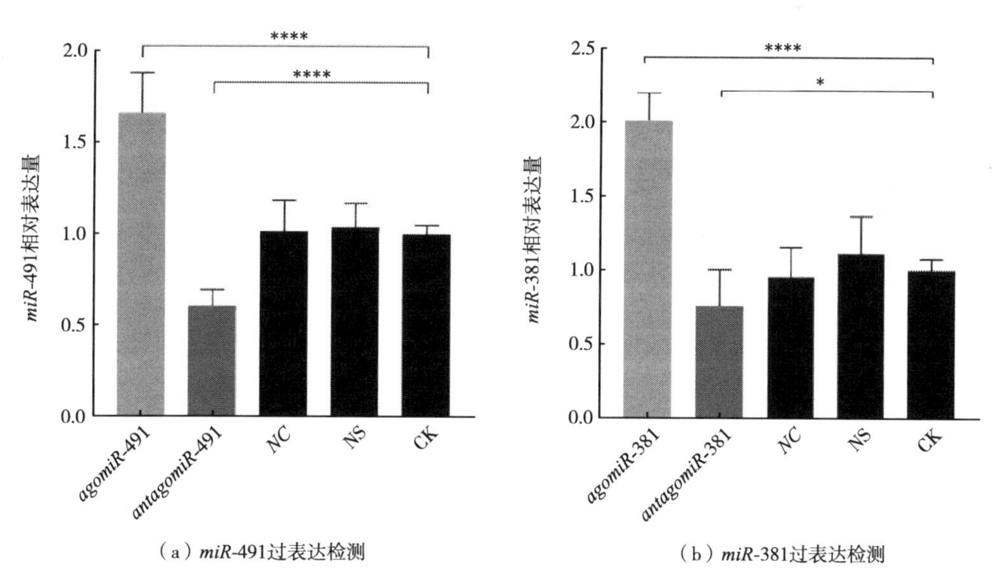

（a）*miR*-491过表达检测　（b）*miR*-381过表达检测

NS—生理盐水组；CK—空白组。

图6-6 miRNAs过表达检测

（****表示*P*<0.000 1；*表示*P*<0.05）

6.2.3 下丘脑*CART* mRNA检测

qRT-PCR检测7个处理组小鼠下丘脑组织*CART* mRNA表达，结果如图6-7所示，*agomiR*-491组、*agomiR*-381组中*CART* mRNA表达量极显著低于空白组（P<0.000 1）；*agomiR*-491组中*CART* mRNA表达量与*agomiR*-381组无显著差异（P>0.05）；*antagomiR*-491组、*antagomiR*-381组中*CART* mRNA表达量极显著高于空白组（P<0.000 1）；*antagomiR*-381组中*CART* mRNA表达量极显著高于*antagomiR*-491组（P<0.000 1）；*NC*组、生理盐水组中*CART* mRNA表达量与空白组无显著差异（P>0.05）。

该结果表明：过表达*miR*-491、*miR*-381均抑制小鼠下丘脑组织*CART* mRNA的表达，且二者抑制效果无显著差异；沉默*miR*-491、*miR*-381取得相反结果，且沉默*miR*-381组*CART* mRNA表达量极显著高于沉默*miR*-491组；注射*NC*与生理盐水对*CART* mRNA的表达无显著影响。

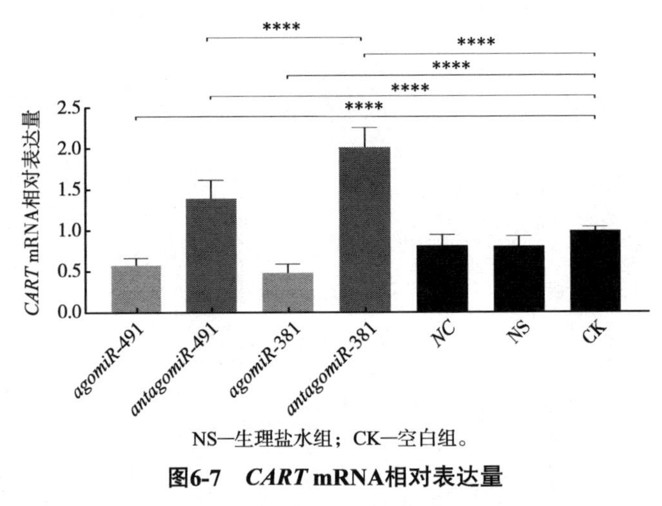

NS—生理盐水组；CK—空白组。

图6-7 *CART* mRNA相对表达量

（****表示P<0.000 1）

6.2.4 下丘脑CART蛋白检测

将小鼠下丘脑组织剪碎，每50 mg组织加入500 μL裂解液（索莱宝，北京），匀浆至充分裂解抽提总蛋白。Western blot检测7个处理组小鼠下丘脑组织CART表达，结果如图6-8所示，*agomiR*-491组、*agomiR*-381组中CART蛋白表达量显著低于空白组（P<0.05）；*agomiR*-491组中CART蛋白表达量与*agomiR*-381组无显著差异（P>0.05）；*antagomiR*-491组、*antagomiR*-381组中CART蛋白表达量极显著高于空白组（P<0.01）；*antagomiR*-491组中CART

蛋白表达量与*antagomiR*-381组无显著差异（*P*>0.05）；*NC*组、生理盐水组中CART蛋白表达量与空白组无显著差异（*P*>0.05）。

该结果表明，过表达*miR*-491、*miR*-381均抑制小鼠下丘脑组织CART蛋白的表达，沉默*miR*-491、*miR*-381取得相反结果，且二者调控效果无显著差异。注射*NC*与生理盐水对小鼠下丘脑组织CART蛋白的表达无显著影响。

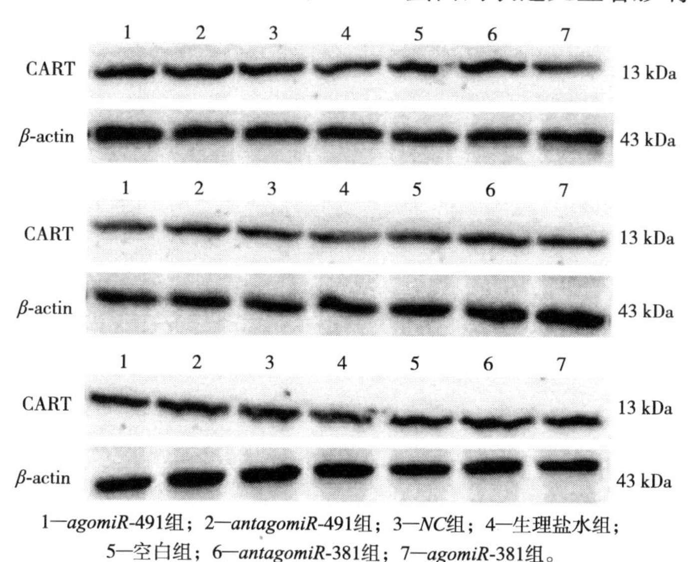

1—*agomiR*-491组；2—*antagomiR*-491组；3—*NC*组；4—生理盐水组；5—空白组；6—*antagomiR*-381组；7—*agomiR*-381组。

（a）Western blot检测CART蛋白表达显影图（3次生物学重复）

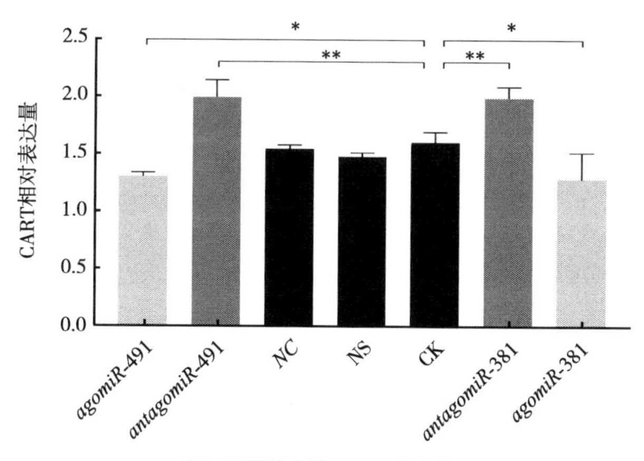

NS—生理盐水组；CK—空白组。

（b）各组CART蛋白含量检测结果

图6-8　CART蛋白Western blot检测

（**表示*P*<0.01；*表示*P*<0.05）

6.2.5 血清CART浓度检测

ELISA法检测小鼠血清CART浓度，根据不同浓度标准品构建CART标准曲线，以标准物浓度为横坐标，OD值为纵坐标求出关系曲线：y=0.049 8x+0.167 7，R^2=0.983 5。

450 nm波长处测定各孔OD值，根据标准曲线，求出7个分组血清中CART浓度，结果如图6-9所示，*agomiR*-491组、*agomiR*-381组中CART浓度极显著低于空白组（P<0.01）；*agomiR*-491组中CART浓度与*agomiR*-381组无显著差异（P>0.05）；*antagomiR*-491组、*antagomiR*-381组中CART浓度极显著高于空白组（P<0.01）；*antagomiR*-491组中CART浓度与*antagomiR*-381组无显著差异（P>0.05）；*NC*组、生理盐水组中CART浓度与空白组无显著差异（P>0.05）。

该结果表明，小鼠下丘脑组织过表达*miR*-491、*miR*-381均能降低小鼠血清中CART浓度，沉默*miR*-491、*miR*-381取得相反结果，且二者的调控效果无显著差异。注射*NC*序列与生理盐水对小鼠血清中CART浓度无显著影响。

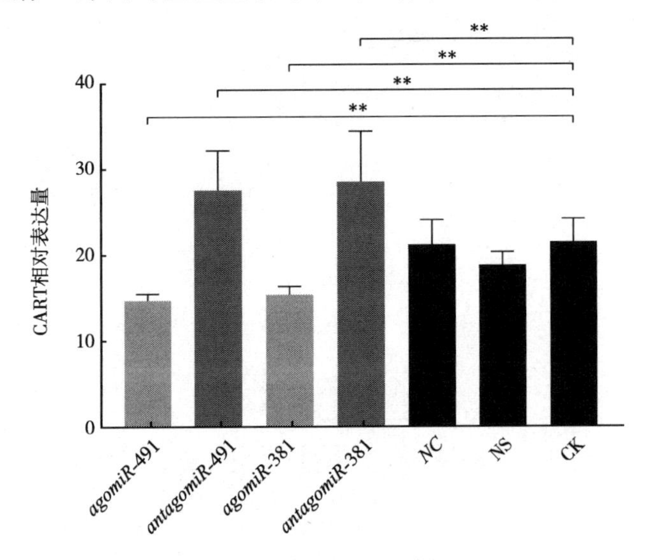

NS—生理盐水组；CK—空白组。

图6-9 血清CART浓度检测

（**表示P<0.01）

血清中有胰岛素、肾上腺皮质激素及类固醇激素等多种激素，它们对机体的代谢、生长、发育和繁殖等过程起重要调节作用。在下丘脑神经细胞中，*CART* mRNA在核糖体上翻译为多肽，在信号肽的引导下，以翻译-转运同步机制运输到内质网，进一步加工后由囊泡运输至高尔基体，高尔基体加工为成熟蛋白后分泌到细胞外，随着血液循环运输至卵巢，作用于卵泡GCs膜受体从而抑制FSH诱导的E_2分泌。血清中CART浓度会影响后续卵泡发育。小鼠下丘脑中过表达*miR*-491与*miR*-381后，小鼠血清中CART浓度显著降低，沉默*miR*-491与*miR*-381后得到相反结果，说明*miR*-491与*miR*-381通过对*CART* mRNA的转录后调控，抑制CART表达，导致血清中的CART激素浓度降低，这提示*miR*-491与*miR*-381可能是促进卵泡发育、提高排卵率的关键miRNA。本章通过研究明确了miRNAs对CART表达的调控作用，后续将继续探究母牛活体试验中*miR*-491与*miR*-381对CART表达调控及其对FSH诱导的卵泡发育的作用效果，为后期应用研究和技术推广奠定基础。

第七章 牛下丘脑调控CART表达的lncRNA筛选

miRNA通过与mRNA 3′UTR特定序列完全或不完全结合，从而在转录后水平调控下游靶基因表达。长链非编码RNA（long non-coding RNA，lncRNA）是一类长度大于200 nt，具有mRNA结构，但不具有蛋白编码能力的RNA，是生命过程中重要的转录调控因子，在动物发育、蛋白修饰、疾病调控等方面发挥着重要作用。目前对lncRNA的研究主要集中于lncRNA作为miRNA的竞争性内源RNA（competing cndogenous RNAs，ceRNA）对下游靶基因表达的调控。

7.1 lncRNA概述

随着全基因组和转录组测序技术的发展，非编码RNA在生物学中发挥的功能逐渐被发现，如参与调节基因表达、蛋白翻译和蛋白定位等。ceRNA活性受ceRNA丰度和亚细胞定位、miRNA的“海绵吸附”亲和力、MRE序列、RNA结合蛋白（RNA-binding protein，RBPs）和RNA二级结构等多种因素影响。在不同组织、不同发育阶段或病理状态下，ceRNA表达水平不同，只有定位于细胞质中的lncRNA/circRNA才会发挥“海绵吸附”作用。此外，不同MREs可与同一miRNA结合，但其核酸序列不同，导致所发挥作用效果不同。RNA通过与RBP结合维持自身稳定，避免降解，若结合蛋白的识别序列与MREs邻近或重叠，则RBP的结合可能导致RNA二级结构改变，影响ceRNA网络调控效应。各种RNA分子通过ceRNA网络调控以维持基因表达的有序性和稳定性，因此，ceRNA网络调控机制的深入研究有助于更加全面了解目的基因功能，也为阐明疾病发生机制和药物研发提供新思路和靶点。

lncRNA是一类具有mRNA结构，但不具有蛋白编码能力的RNA。1992年首次发现lncRNA XIST可导致人和小鼠X染色体失活后，lncRNA功能开始被广泛研究。根据lncRNA与蛋白编码基因的位置及特点，将其分为基因间

lncRNA（intergenic lncRNA）、内含子lncRNA（intronic lncRNA）、双向lncRNA（bidirect lncRNA）、正义lncRNA（sense lncRNA）和反义lncRNA（antisense lncRNA）。随着测序技术的不断发展，研究人员发现，lncRNA调控靶标基因的一系列机制大多依赖于lncRNA一级结构、二级结构和基因组位置，主要在以下方面发挥作用（图7-1）：①在转录水平，lncRNA序列通过与基因组连接并折叠成可与蛋白质特异性结合的三级结构，从而激活或抑制基因转录；也可通过募集转录因子与靶基因启动子结合从而调控基因表达；②在转录后水平，lncRNA可通过碱基互补配对方式与靶基因结合，抑制其与转录因子结合或募集，进而抑制靶基因mRNA翻译、剪切拼接和降解；lncRNA也可作为miRNA的靶位点诱饵，抑制miRNA表达，促进下游靶基因表达；③在表观遗传学水平，lncRNA可通过RNA干扰、染色体重塑、DNA甲基化或去甲基化、遗传印记和组蛋白修饰等方式调控基因表达。研究发现，lncRNA亚细胞定位不同，所发挥生物学功能不同。细胞核中lncRNA位于染色质上的转录位点或远离转录位点的位置，在转录过程中，通过顺式或反式作用激活或沉默特异性基因；细胞质中的lncRNA主要参与ceRNA调节，可以和多个miRNA靶向结合参与多个生物学功能调控过程，从而影响组织器官的生长发育和疾病的发生发展。

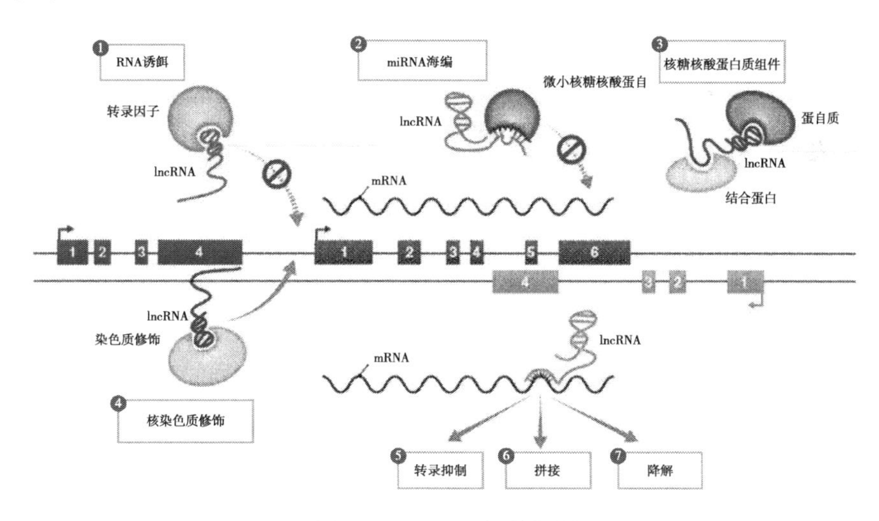

图7-1　lncRNAs调控机制

非编码RNA在动物发育、代谢、疾病调控等方面起到重要作用，其中，lncRNA在卵泡发育过程中参与了基因组印记、细胞增殖分化和凋亡等多个生物过程的基因表达调控。在梅山猪和杜洛克猪中等卵泡高通量测序发现，

lncRNA-ENSSSCT00000018610表达差异较显著，经RACE、生物信息学技术预测，lncRNA-ENSSSCT00000018610可能通过靶基因*TNIP*1、*CYP*2*J*2、*SCARB*1、*IBSP*间接参与卵泡发育过程；Pan等对水牛排卵卵泡和闭锁卵泡GCs进行全转录组测序，经GO富集、KEGG分析差异表达基因，并通过构建ceRNA网络和体外培养试验发现，lnc4040可通过特异性吸附*miR*-709调控*Hif*1*a*表达，提示lnc4040在水牛卵泡发育和闭锁中发挥重要作用；转移相关肺腺癌转录本1（MALAT1）可通过*miR*-205/CREB1轴调控GCs的E_2和P分泌；对GnRH处理后的大鼠腺垂体lncRNA进行测序和差异表达筛选后，发现lncRNA-m433s1可通过“海绵吸附”*miR*-433调控大鼠腺垂体FSH分泌。

lncRNA和miRNA均是调控基因表达的重要因子，二者相互作用调控下游基因表达，通过研究lncRNA、miRNA及mRNA间的相互作用关系探究lncRNA功能是目前研究lncRNA的一条有效途径。本试验基于前期研究结果基础上，通过生物信息学、分子生物学、实验动物学研究调控CART表达的关键lncRNA，并获得lncRNA-miRNA-mRNA调控网络。

7.2　牛下丘脑调控CART表达的lncRNAs筛选及内源性检测

lncRNA已被证实是调控卵泡发育的重要因子，在GCs增殖分化、排卵、黄体形成和早期胚胎发育等阶段发挥重要作用；同时，一些lncRNA也被作为动物生殖疾病治疗的标志物。研究表明，多囊卵巢综合征绵羊卵巢GCs中，lncRNA PVT1可通过靶向结合*miR*-17-5*p*上调*PTEN*表达，进而影响卵巢GCs的增殖与凋亡；X灭活特异性转录本（X inactivate-specific transcript，XIST）在X染色体失活中起着重要作用；利用DD-PCR技术研究小尾寒羊卵泡发育过程中不同阶段lncRNA差异表达，发现有腔小卵泡中XIST、ESR1、TPTC1、ODC、RBBP4等特异性表达，大卵泡中SLC25A5、FLJ14775、SCRN1以及一些未知lncRNA特异性表达，表明不同卵泡发育阶段lncRNA表达不同，同时也提示XIST参与卵泡发育过程。单胎和多胎绵羊不同时期卵巢中lncRNA测序及差异表达分析表明，lncRNA XIST和gtl2可能在卵泡发育中期发挥重要作用；研究表明lncRNA DANCR在卵巢组织中相对表达量较高，推测DANCR可能调控卵巢细胞增殖分化，体外培养人卵巢GCs发现，敲除lncRNA DANCR可促进GCs衰老；研究发现，过表达lncRNA H19可通过*miR*-29*a*上调AR、IGF-1蛋白表达从而提高多囊卵巢综合征患者体内雄激素水平；研究发现卵巢早衰的小鼠GCs中母源表达基因3（maternally expressed gene 3，MEG3）表达量显著高于正常小鼠卵巢GCs，而敲除lncRNA MEG3可显著抑制环磷酰胺对p53-p66Shc途径的激活，从而抑制GCs凋亡。

本试验筛选与目的miRNA靶向结合并作为ceRNA的lncRNA是基于StarBase v2.0、NCBI和DIANA tools数据库的交集，miRNA-mRNA靶向结合原理是基于miRNA种子区（5′端2～8 nt）与靶基因3′UTR完全或不完全互补配对，因此可利用lncRNA与目的miRNA种子区结合及所结合位点结构熵最小进行lncRNA筛选。

7.2.1　牛下丘脑lncRNAs-miRNAs靶向关系及结合位点预测

miRBase数据库中获取牛和人*miR*-381、*miR*-491、*miR*-377、*miR*-331-3*p*、和*miR*-493的FASTA序列，DNAMAN软件进行序列比对，StarBase v2.0、NCBI、DIANA tools数据库预测以上5个miRNAs可能结合的lncRNAs，3个数据库分析结果取交集后，获得每个miRNA可能结合的lncRNAs。NCBI数据库中获取相应lncRNAs FASTA序列，RNAhybrid软件预测lncRNA-miRNA结合位点。

数据库预测结果显示，可能与*miR*-381、*miR*-491、*miR*-377、*miR*-331-3*p*和*miR*-493结合的lncRNAs如下，TUG1、SNHG3与*miR*-381存在结合位点；H19、SNHG12、DANCR与*miR*-491存在结合位点；SNHG4、MEG3、NEAT1与*miR*-377存在结合位点；XIST与*miR*-331-3*p*存在结合位点；MEG 9与*miR*-493存在结合位点；具体结合位点见图7-2。

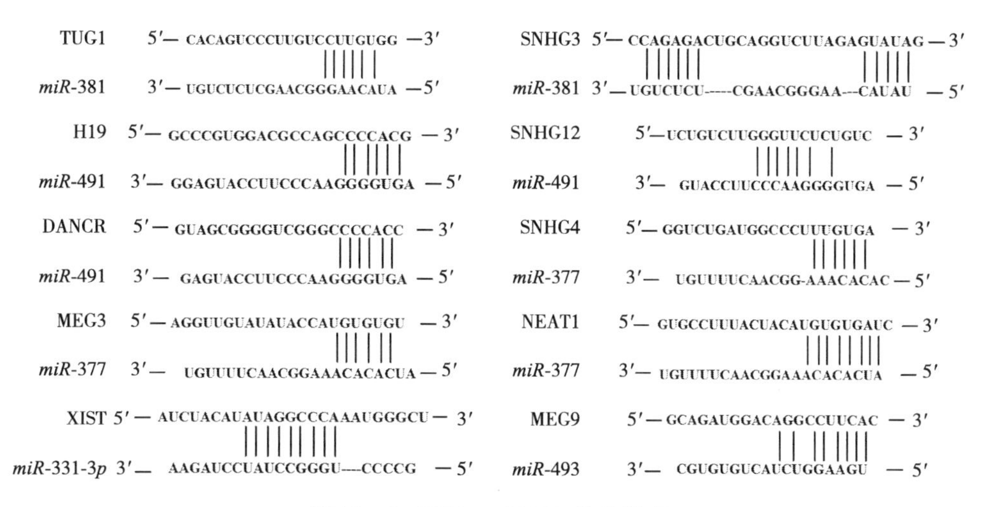

图7-2　lncRNAs-miRNAs结合位点

7.2.2 牛下丘脑lncRNAs内源性表达分析

山西省文水县肉牛屠宰场选取3头健康成年西门塔尔母牛，屠宰后采集下丘脑，Trizol法提取组织总RNA，核酸蛋白定量仪检测RNA纯度及浓度。去除总RNA中残留的基因组DNA，构建反转录体系完成lncRNAs反转录。

NCBI数据库中分别获取*Bos Taurus*相对应lncRNAs序列，Primer 5.0在线设计miRNA-lncRNA包括结合位点大约300 bp序列的特异性引物，交由生工生物工程（上海）股份有限公司合成，具体序列见表7-1。

表7-1　lncRNAs PCR扩增引物序列

lncRNAs	引物序列（5′-3′）
TUG1	F：AGAGACAATGACTGAGCAAGCACTG
	R：AACAGGACAGGAGTGGAGGTGAAG
SNHG3	F：TCACCGACTTCGCAGTTAGCAATG
	R：GGTCTTTTGAGCCTTCCAGGTCAC
H19	F：GGTCCTTGCTCTCCTGGTCTCC
	R：GCTCTCTGGAAATGCCCTTGCC
SNHG12	F：CGTCGGTCGTCTTGTCTGTCTTG
	R：TCATCCTGGAATCTTCTGGCACAAC
DANCR	F：CACAAGAAGCGTCACTCCACTGAG
	R：CTGTAGCCTGCACGGACTGTAATC
SNHG4	F：GGCTGCTGTGTCTCTACCGA
	R：AAGGGCCATCAGACCTCTGG
MEG3	F：TGTTGTGAGTGTTGGTCCGATTCTG
	R：GGTGAGGAAGGAAGACAGCGAATG
NEAT1	F：GCCACAACGCAGATTGATGC
	R：CACTACCGGTGTACCCACCA
XIST	F：TGTGAGTGGACCTACGGCTT
	R：AGGGAAACTGCAAGCCATCC
MEG9	F：AGAAGTCTGACTGTGAGCTGAGGAG
	R：GTGGGACACGGCATGGTTACTG

应用上述引物序列进行PCR扩增，构建反应体系按以下程序进行反应：94 ℃ 4 min，94 ℃ 30 s，55～59 ℃ 1 min，72 ℃ 30 s，32个循环，72 ℃ 5 min。琼脂糖凝胶电泳（1%，100 V/30 min）检测PCR产物，凝胶成像仪观察DNA条带。将目的条带切割后按照DNA凝胶回收试剂盒说明书进行回收，产物送至生工生物工程（上海）股份有限公司测序。

由图7-3可知，除NEAT1外，MEG9、SNHG4、H19、XIST、SNHG12、TUG1、SNHG3、MEG3、DANCR部分序列在牛下丘脑中均有表达，且测序结果与已登录（NCBI）序列完全一致。

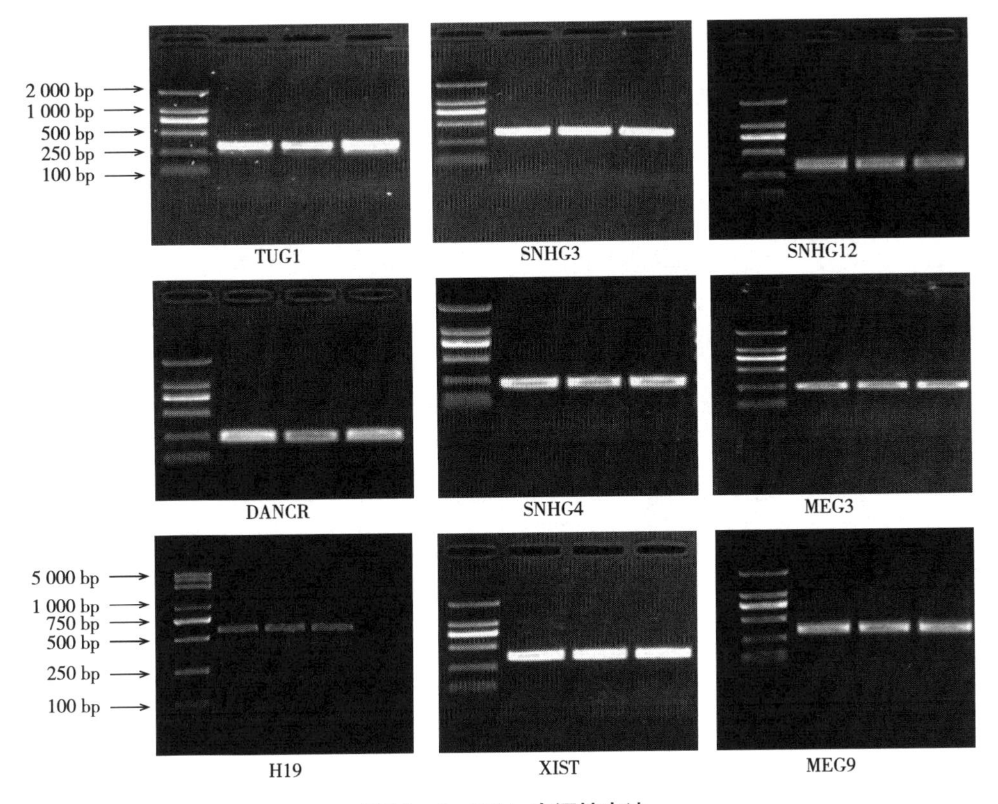

图7-3　lncRNAs内源性表达

综上所述，通过生信分析预测，TUG1、SNHG3与*miR*-381存在结合位点，H19、SNHG12、DANCR与*miR*-491存在结合位点，SNHG4、MEG3、NEAT1与*miR*-377存在结合位点，XIST与*miR*-331-3*p*存在结合位点，MEG 9与*miR*-493存在结合位点；内源性表达检测发现，除NEAT1外，其余lncRNAs在牛下丘脑中均有表达。

第八章 牛下丘脑lncRNAs与miRNAs靶向关系验证

miRNA通过与下游靶基因的3′UTR特定序列完全或不完全互补配对，加快靶基因mRNA降解或阻碍蛋白质翻译。lncRNA在细胞功能变化过程中起着重要作用，目前，关于lncRNA调控下游靶基因表达的研究主要集中在lncRNA作为miRNA的竞争性内源RNA（ceRNA），通过特异性吸附miRNA进而正向调控下游靶基因的表达。双荧光素酶报告基因活性检测是靶标关系鉴定和预测靶标功能验证的常用方法。将目的基因片段插入萤火虫荧光素酶报告基因下游MCS中，以海肾荧光素酶作为标准化内参，使萤火虫荧光素酶基因表达不受细胞状态、数量及裂解效率等影响，从而减少试验误差；同时，该方法具有灵敏度高，操作简便，准确性好等优点。因此，本章通过双荧光素酶报告基因活性检测法验证TUG1、SNHG3与*miR*-381和H19、SNHG12、DANCR与*miR*-491的结合关系，为深入研究其调控功能奠定基础。

8.1 重组载体构建及细胞转染

8.1.1 双荧光素酶载体构建

8.1.1.1 目的片段设计与合成

NCBI获取*miR*-381和*miR*-491预测有相互结合位点的lncRNAs片段序列，并在序列的5′和3′端分别加入*Sac* Ⅰ和*Xho* Ⅰ酶切位点后，由金开瑞生物科技有限公司合成；将目的基因正义链和反义链用TE（pH值8.0）溶液稀释至100 μmol/L，配制反应溶液并进行PCR扩增反应，反应程序：95 ℃热变性2 min，每90 s温度下降1 ℃直至25 ℃，反应30 min，4 ℃保存；将所得溶液稀释至200 nmol/L，分装后于-20 ℃保存，用于后续载体连接反应。

8.1.1.2 重组载体构建

pmirGLO载体购自武汉金开瑞生物工程有限公司。限制性内切酶（*Sac* Ⅰ、*Xho* Ⅰ）对pmirGLO载体进行双酶切，酶切反应条件为：37 ℃ 2 h，使之线性化。琼脂糖凝胶电泳检测酶切产物，目的条带进行回收测序；测序验证后，根据目的片段与pmirGLO载体的摩尔比为5∶1进行连接反应体系配制，反应程序：24 ℃ 2 h，65 ℃ 10 min。

8.1.1.3 感受态细胞制备及重组质粒抽提

预冷的$CaCl_2$处理对数生长期大肠杆菌DH5α，获得感受态细胞；加入5 μL重组DNA导入大肠杆菌感受态细胞，经蓝白斑筛选，获得重组质粒。TUG1-WT、TUG1-MUT、SNHG3-WT、SNHG3-MUT、H19-WT、H19-MUT、SNHG12-WT、SNHG12-MUT、DANCR-WT、DANCR-MUT重组质粒经测序，结果与已知序列一致（图8-1），表明目的片段成功插入pmirGLO载体。

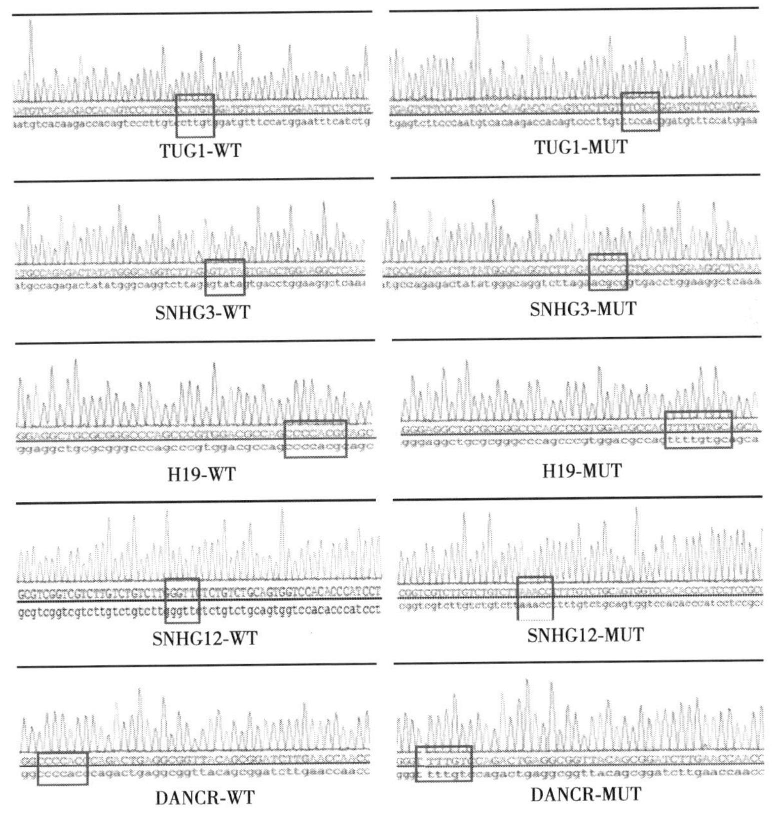

图8-1 lncRNAs野生型与突变型重组质粒测序

8.1.2　细胞共转染

8.1.2.1　293T细胞复苏与铺板

取出冻存的293T细胞，37 ℃水浴锅中复苏、培养；当细胞融合度达到80%～90%时，完全培养基将细胞浓度稀释为5×10^5个/mL，均匀接种于96孔板，补足完全培养液于200 μL，37 ℃ 5% CO_2培养箱中培养24 h。

8.1.2.2　细胞转染

试验分组：*miR*-381 mimics+TUG1/SNHG3 WT、*miR*-491 mimics+H19/SNHG12/DANCR WT、*NC* mimic+TUG1/SNHG3/H19/SNHG12/DANCR WT、*miR*-381 mimics+TUG1/SNHG3 MUT、*miR*-491 mimics+H19/SNHG12/DANCR MUT、*NC* mimic+TUG1/SNHG3/H19/SNHG12/DANCR MUT、*miR*-381 mimics+pmirGLO、*miR*-491 mimics+pmirGLO、*NC* mimic+pmirGLO，每组设置3个复孔。

NC mimic与*miR*-381/491 mimics由上海吉玛制药技术有限公司合成，合成序列见表8-1。

表8-1　miRNAs序列

名称	序列（5′-3′）
miR-381 mimics	UAUACAAGGGCAAGCUCUCUGU AGAGAGCUUGCCCUUGUAUAUU
miR-491 mimics	AGUGGGGAACCCUUCCAUGAGG UCAUGGAAGGGUUCCCCACUUU
NC mimic	UUCUCCGAACGUGUCACGUTT ACGUGACACGUUCGGAGAATT

8.2　双荧光素酶报告基因靶向关系分析

8.2.1　双荧光素酶活性检测

吸尽96孔板中的细胞培养液，每孔加入100 μL报告基因细胞裂解液充分裂解，离心取上清液用于检测；按照海肾荧光素酶检测底物（100×）：海肾荧光素酶缓冲液=1：100进行海肾荧光素酶检测工作液配制；黑色酶标板每孔中按照样品：萤火虫荧光素酶检测试剂=1：1进行混匀后，在酶标仪检测萤火虫荧光素酶（firely lueiferase）活性值F；继续加入100 μL海肾荧光素酶检测工作液，测定海肾荧光素酶（renilla luciferase）活性值R；以海肾荧光素酶为内参，F/R值比较样品中目的报告基因荧光活性。

8.2.2　靶向关系分析

检测结果均采用"均值 ± SE"表示，GraphPad Prism 8.0软件对所有数据进行显著性和单因素方差分析，*P*<0.05具有统计学意义。

将*NC* mimic与pmirGLO、*miR*-381 mimics与pmirGLO分别共转染至293T细胞中（图8-2），两组相对荧光活性无显著差异（*P*>0.05），表明试验体系良好；*miR*-381 mimics与TUG1-WT共转染时，与*NC* mimic和TUG1-WT组相比，相对荧光活性极显著下降（*P*<0.01）；*miR*-381 mimics与TUG1-MUT共转染时，相对荧光活性与*NC* mimic和TUG1-MUT组相比无显著差异（*P*>0.05），表明*miR*-381可极显著抑制TUG1-WT荧光素酶活性表达。

miR-381 mimics与SNHG3-WT共转染（图8-3），与*NC* mimic和SNHG3-WT组相比，相对荧光活性极显著下降（*P*<0.000 1）；*miR*-381 mimics与SNHG3-MUT组共转染时，相对荧光活性与*NC* mimic和SNHG3-MUT组相比无显著差异（*P*>0.05），表明*miR*-381可极显著抑制SNHG3-WT荧光素酶活性表达。

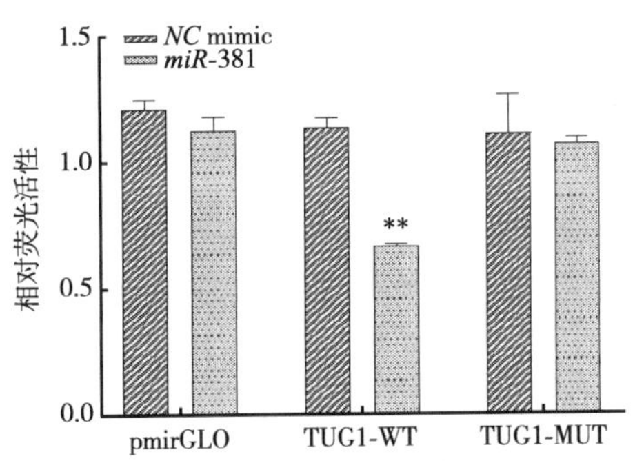

pmirGLO—空载体与*NC* mimic、空载体与*miR*-381组；TUG1-WT—TUG1-WT与*NC* mimic、TUG1-WT与*miR*-381组；TUG1-MUT—TUG1-MUT与*NC* mimic、TUG1-MUT与*miR*-381组。

图8-2　TUG1与*miR*-381双荧光素酶报告基因检测

（**表示*P*<0.01）

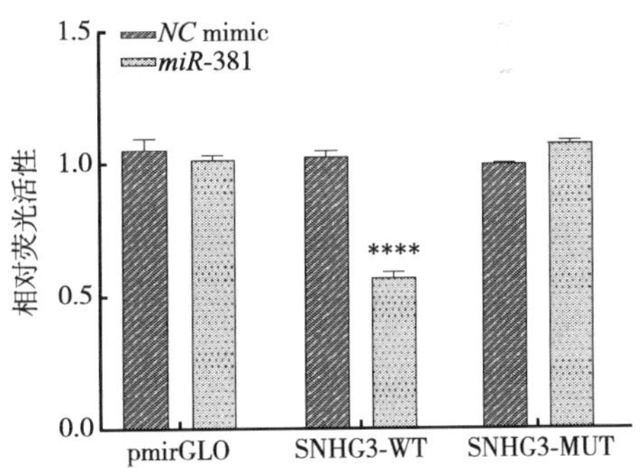

pmirGLO—空载体与*NC* mimic、空载体与*miR*-381组；SNHG3-WT—SNHG3-WT与*NC* mimic、SNHG3-WT与*miR*-381组；SNHG3-MUT—SNHG3-MUT与*NC* mimic、SNHG3-MUT与*miR*-381组。

图8-3　SNHG3与*miR*-381双荧光素酶报告基因检测

（****表示*P*<0.000 1）

NC mimic与pmirGLO、*miR*-491mimics与pmirGLO分别共转染至293T细胞（图8-4），两组相对荧光活性无显著差异（*P*>0.05），表明试验体系良好；*miR*-491 mimics与H19-WT共转染时，与*NC* mimic和H19-WT组相比，相对荧光活性显著下降（*P*<0.01）；*miR*-491 mimics与H19-MUT共转染时，相对荧光活性与*NC* mimic和H19-MUT组相比无显著差异（*P*>0.05），表明*miR*-491可显著抑制H19-WT荧光素酶活性表达。

miR-491 mimics与SNHG12-WT共转染（图8-5），与*NC* mimic和SNHG12-WT组相比，相对荧光活性极显著下降（*P*<0.001）；*miR*-491mimics与SNHG12-MUT组共转染时，相对荧光活性与*NC* mimic和SNHG12-MUT组相比无显著差异（*P*>0.05），表明*miR*-491可极显著抑制SNHG12-WT荧光素酶活性表达。

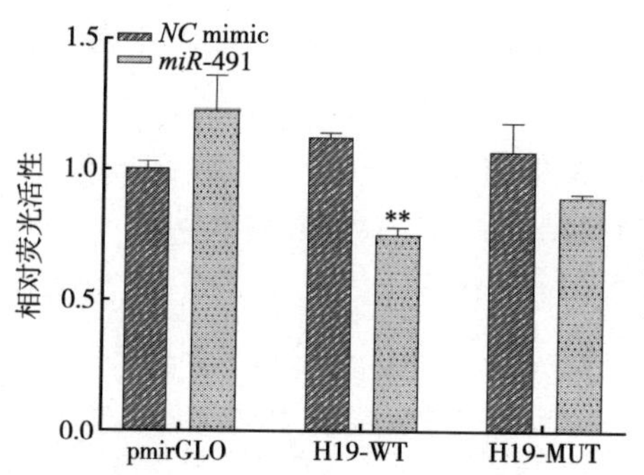

pmirGLO—空载体与*NC* mimic、空载体与*miR*-491组；H19-WT—H19-WT与*NC* mimic、H19-WT与*miR*-491组；H19-MUT—H19-MUT与*NC* mimic、H19-MUT与*miR*-491组。

图8-4 H19与*miR*-491双荧光素酶报告基因检测

（**表示*P*<0.01）

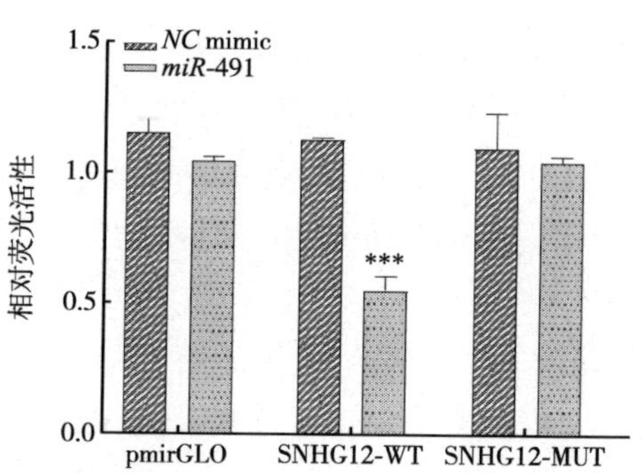

pmirGLO—空载体与*NC* mimic、空载体与*miR*-491组；SNHG12-WT—SNHG12-WT与*NC* mimic、SNHG12-WT与*miR*-491组；SNHG12-MUT—SNHG12-MUT与*NC* mimic、SNHG12-MUT与*miR*-491组。

图8-5 SNHG12与*miR*-491双荧光素酶报告基因检测

（***表示*P*<0.001）

miR-491 mimics与DANCR-WT共转染（图8-6），与*NC* mimic和DANCR-WT组相比，相对荧光活性极显著下降（*P*<0.01）；*miR*-491 mimics与DANCR-MUT组共转染时，相对荧光活性与*NC* mimic和DANCR-MUT组相比无显著差异（*P*>0.05），表明*miR*-491可极显著抑制DANCR-WT荧光素酶活性表达。

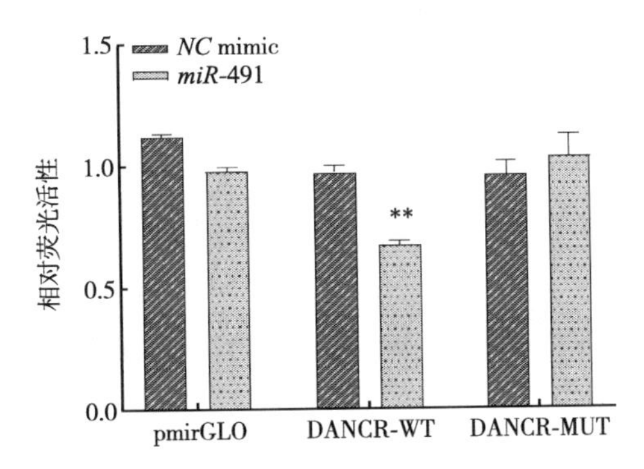

pmirGLO—空载体与*NC* mimic、空载体与*miR*-491组；DANCR-WT—DANCR-WT与*NC* mimic、DANCR-WT与*miR*-491组；DANCR-MUT—DANCR-MUT与NC mimic、DANCR-MUT与*miR*-491组。

图8-6　DANCR与*miR*-491双荧光素酶报告基因检测

（**表示$P<0.01$）

综上所述，成功构建TUG1、SNHG3、H19、SNHG12、DANCR野生型与突变型载体，通过双荧光素酶活性检测证实，TUG1、SNHG3与*miR*-381具有靶向结合关系，H19、SNHG12、DANCR与*miR*-491具有靶向结合关系。

第九章 牛下丘脑lncRNAs调控*CART*表达的分子机制

ceRNA是一种精细且复杂的调控机制，一个lncRNA可同时作为多个miRNA的ceRNA，而一个mRNA也可被多个作为ceRNA的lncRNA调控。目前，未见牛卵泡发育相关ceRNA调控网络研究报道。本试验通过构建TUG1、SNHG3、H19、SNHG12和DANCR的过表达载体，并与*miR*-381/491 mimics、*CART*过表达载体分别共转染至293T细胞中进行调控机制分析，并构建了牛下丘脑*CART*表达的ceRNA调控网络，筛选出lncRNA SNHG3/*miR*-381/CART参与牛卵泡发育调节过程，为深入研究ceRNA调控牛卵泡发育功能和机制提供参考。

9.1 重组质粒构建及细胞转染

9.1.1 重组质粒构建

本试验中所用到的293T细胞、主要试剂同第八章；pEX-3-*CART* mRNA+UTR过表达载体来自实验室前期构建；利用限制性内切酶（*Hind*Ⅲ、*Kpn*Ⅰ）将扩增目的片段克隆到pcDNA3.1-EGFP载体上，构建方法及293T细胞复苏与铺板同第八章。

双酶切的pcDNA3.1-EGFP质粒与PCR扩增的目的基因片段连接产物转化感受态细胞中培养，挑取单菌落扩增培养并提取质粒进行双酶切鉴定，1%琼脂糖凝胶电泳分析结果见图9-1，发现均出现2条明显条带，且片段大小与预期一致。测序结果与NCBI中序列一致，表明目的基因均成功插入pcDNA3.1-EGFP载体中，重组质粒构建成功。

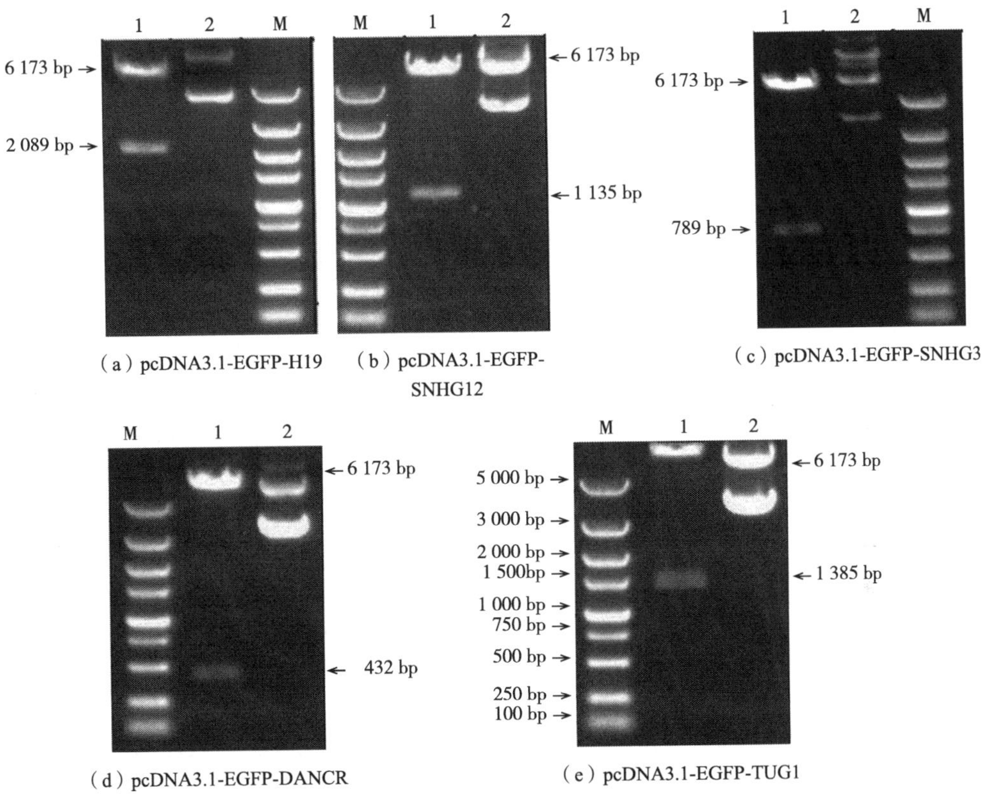

（a）pcDNA3.1-EGFP-H19　（b）pcDNA3.1-EGFP-SNHG12　（c）pcDNA3.1-EGFP-SNHG3

（d）pcDNA3.1-EGFP-DANCR　（e）pcDNA3.1-EGFP-TUG1

M—Marker 5000；1—重组质粒双酶切产物；2—质粒DNA。

图9-1　重组质粒鉴定

9.1.2　细胞转染

试验分组如下。

miRNAs-*CART*：*NC* mimic+*CART*、*miR*-381/491 mimics+pEX-3、*miR*-381/491 mimics+*CART*。

lncRNAs-*CART*：pcDNA3.1-EGFP+*CART*、TUG1/SNHG3/H19/SNHG12/DANCR+pEX-3、TUG1/SNHG3/H19/SNHG12/DANCR+*CART*。

lncRNAs-miRNAs-*CART*：pcDNA3.1-EGFP+*miR*-381/491 mimics+*CART*、TUG1/SNHG3/H19/SNHG12/DANCR+*NC* mimic+*CART*、TUG1/SNHG3+*miR*-381 mimics+*CART*、H19/ SNHG12/DANCR+*miR*-491 mimics+*CART*。

按照3种质粒总量：转染试剂（μg：μL）=1：3转染293T细胞，每组设置3次重复，操作方法同第八章。

9.2 细胞共转染qRT-PCR检测

9.2.1 反转录及引物设计

共转染细胞培养结束后，提取239T细胞总RNA并进行纯度检测；分别构建miRNA和lncRNAs反转录体系获得cDNA，稀释10倍后于−20 ℃保存。

NCBI中获得*Bos taurus*的*miR*-381/491、*CART*、TUG1、SNHG3、H19、SNHG12和DANCR的核酸序列，Primer 5.0在线设计特异性引物，内参基因分别为*U6*和*β-actin*，参照GenBank上所提供的序列，交由生工生物工程（上海）股份有限公司合成，序列见表9-1。

表9-1　荧光定量引物序列

名称	引物序列（5′-3′）
U6	F：GGAACGATACAGAGAAGATTAGC
	R：TGGAACGCTTCACGAATTTGCG
β-actin	F：GGGACCTGACTGACTACCTC
	R：TCATACTCCTGCTTGCTGAT
miR-381	F：CCGTATACAAGGGCAAGCTCTCTGT
miR-491	F：ATAGTGGGGAACCCTTCCATGAGG
CART	F：CCTGCTGCTGCTGCTACCTTTG
	R：CCACGGCGGAGTAGATGTCCAG
TUG1	F：TGGTGGGCATCTCAAATTCCGTATC
	R：GGGACTGTGGTCTTGTGACATTGG
SNHG3	F：CCTCACCGACTTCGCAGTTAGC
	R：ATGGGTTCCACTCCAGTAGTTTTGC
H19	F：GGTCCTTGCTCTCCTGGTCTCC
	R：CGATATCACCTGTGCTGCCTGAC
SNHG12	F：CGTCGGTCGTCTTGTCTGTCTTG
	R：GCTCAACATCTTGCCGCCTCTAG
DANCR	F：CACAAGAAGCGTCACTCCACTGAG
	R：CTGTGGCAGACCCAAGGTTTCC

9.2.2 *miR*-381/491对*CART*表达的影响

瞬时转染*miR*-381/491-*CART*后，*miR*-381/491表达结果见图9-2-a。相比

于*miR*-381/491+PEX-3组，*miR*-381/491+*CART*组*miR*-381/491表达量均极显著降低（P<0.000 1），表明各组中*miR*-381/491转染成功；对*CART*相对表达量分析见图9-2-b，*miR*-381/491+*CART*组中*CART*表达量均极显著低于*NC* mimic+*CART*组（P<0.001），表明*miR*-381/491-*CART*过表达细胞模型构建成功，且*miR*-381/491均极显著抑制*CART*表达（P<0.001）。

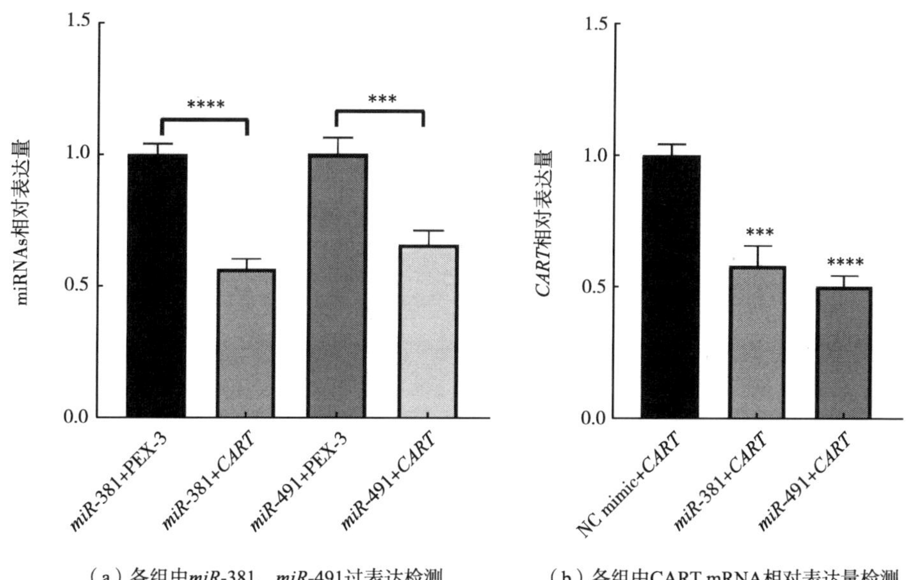

（a）各组中*miR*-381、*miR*-491过表达检测　　（b）各组中CART mRNA相对表达量检测

图9-2　miRNAs和*CART*表达量检测

（****表示P<0.000 1；***表示P<0.001）

9.2.3　lncRNAs对*CART*表达的影响

分别瞬时共转染TUG1/SNHG3/H19/SNHG12/DANCR+*CART*后，各试验组中TUG1、SNHG3、H19、SNHG12和DANCR的表达量见图9-3-a，TUG1、SNHG3、H19、SNHG12和DANCR过表达质粒成功转染至293T细胞中；*CART*相对表达量分析结果图9-3-b，各试验组与对照组pcDNA3.1-EGFP+*CART*中，*CART*相对表达量无显著差异（P>0.05），表明TUG1/SNHG3/H19/SNHG12/DANCR-*CART*过表达细胞模型构建成功，且TUG1、SNHG3、H19、SNHG12和DANCR均对*CART*表达无显著影响（P>0.05）。

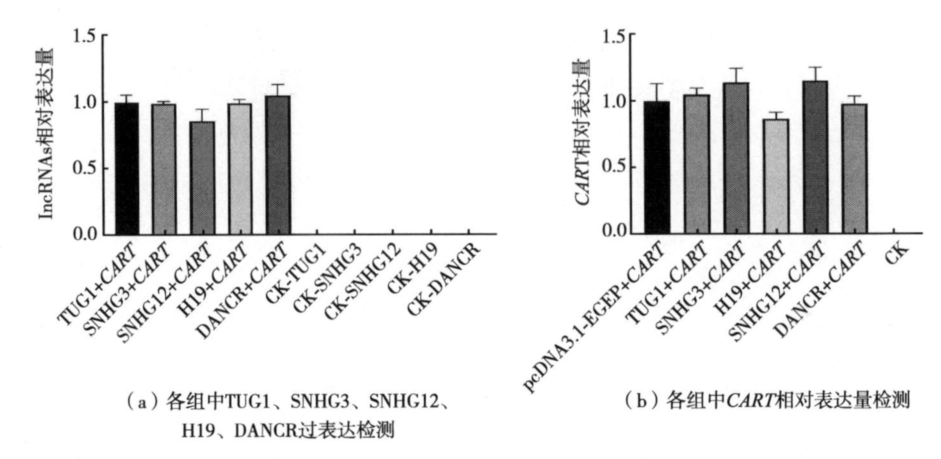

（a）各组中TUG1、SNHG3、SNHG12、H19、DANCR过表达检测

（b）各组中*CART*相对表达量检测

图9-3　lncRNAs和*CART* mRNA相对表达量

9.2.4　牛下丘脑lncRNAs-miRNAs对CART表达的影响

9.2.4.1　瞬时转染lncRNAs-miRNAs-CART对lncRNAs表达的影响

293T细胞瞬时共转染lncRNAs-miRNAs-*CART*后，各组lncRNA表达结果见图9-4，试验组TUG1/SNHG3+*miR*-381+*CART*、H19/SNHG12/DANCR+*miR*-491+*CART*与对照组TUG1/SNHG3/H19/SNHG12/DANCR+*NC*+*CART*相比，TUG1、SNHG3、H19、SNHG12和DANCR表达量均极显著降低（P<0.000 1，P<0.001），表明TUG1、SNHG3、H19、SNHG12和DANCR过表达质粒均转染成功。

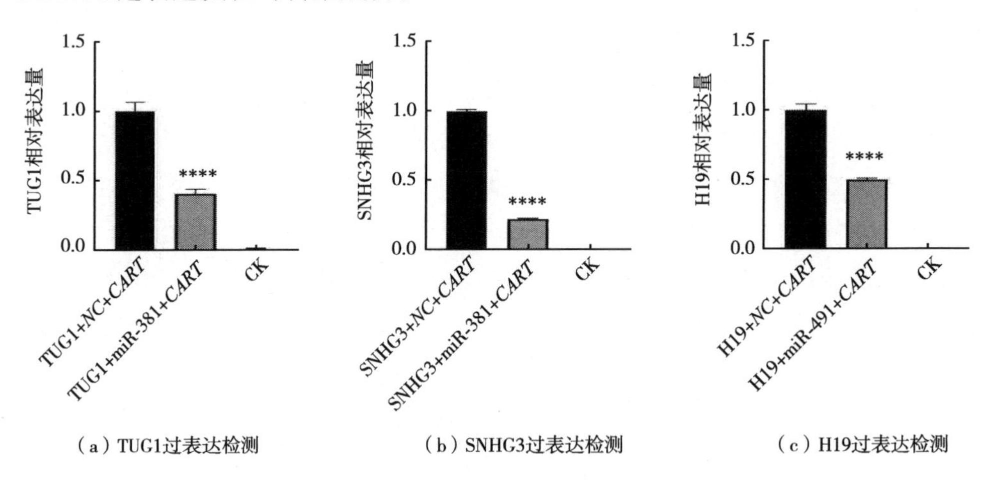

（a）TUG1过表达检测　（b）SNHG3过表达检测　（c）H19过表达检测

图9-4　各组lncRNA相对表达量

（****表示P<0.000 1；***表示P<0.001）

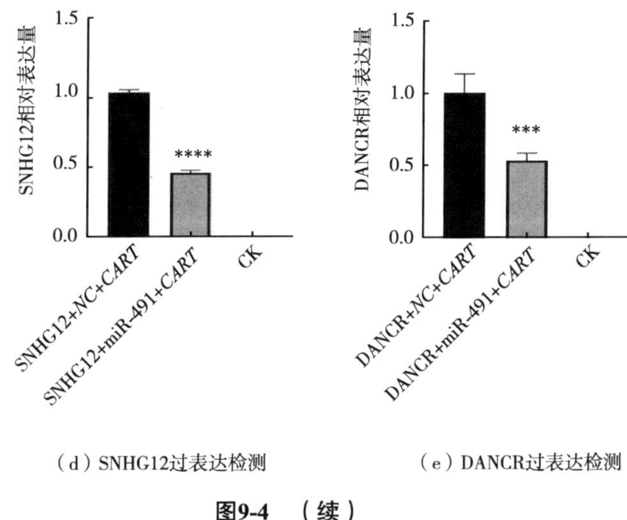

（d）SNHG12过表达检测　　（e）DANCR过表达检测

图9-4　（续）

9.2.4.2　瞬时转染lncRNAs-miRNAs-CART对miRNAs表达的影响

293T细胞瞬时共转染lncRNAs-miRNAs-*CART*，*miR*-381过表达检测结果见图9-5，试验组TUG1/SNHG3+*miR*-381+*CART*与对照组TUG1/SNHG3+*NC*+*CART*相比，各试验组均有*miR*-381表达，表明*miR*-381转染成功；H19/SNHG12/DANCR+*miR*-491+*CART*组与H19/SNHG12/DANCR+*NC*+*CART*组相比，各试验组均有*miR*-491表达，表明*miR*-491转染成功。

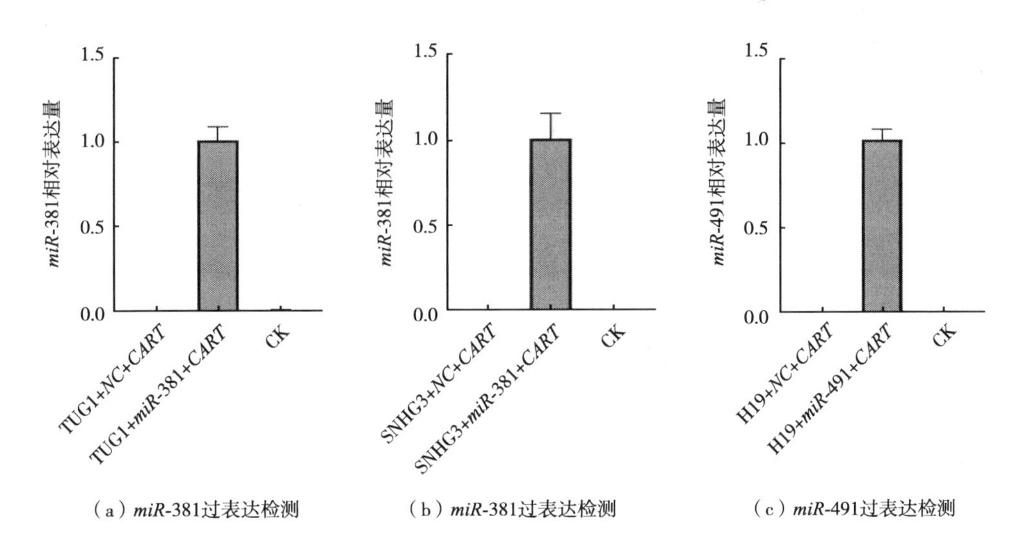

（a）*miR*-381过表达检测　　（b）*miR*-381过表达检测　　（c）*miR*-491过表达检测

图9-5　各组miRNAs相对表达量

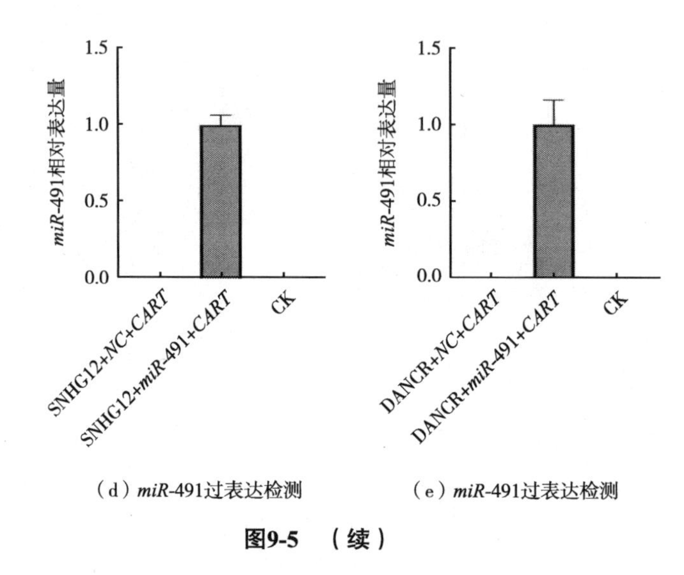

（d）*miR*-491过表达检测　　（e）*miR*-491过表达检测

图9-5　（续）

9.2.4.3　瞬时转染lncRNAs-miRNAs-CART对CART表达的影响

qRT-PCR检测*CART*表达结果见图9-6，pcDNA3.1-EGFP+*miR*-381/491+*CART*、TUG1/SNHG3/H19/SNHG12/DANCR+*NC*+*CART*、TUG1/SNHG3+*miR*-381+*CART*、H19/SNHG12/DANCR+*miR*-491+*CART*各组*CART*均有表达，表明各组*CART*均转染成功，lncRNA-miRNA-*CART*细胞模型构建成功。

CART mRNA相对表达量显著性分析结果显示：TUG1+*miR*-381+*CART*组*CART*表达量极显著低于TUG1+*NC*+*CART*组（$P<0.01$），但与*miR*-381+*CART*组无显著差异（$P>0.05$），表明TUG1调控*CART*表达作用不显著；SNHG3+*miR*-381+*CART*组与SNHG3+*NC*+*CART*组相比，*CART*表达差异不显著（$P>0.05$），但极显著高于*miR*-381+*CART*组（$P<0.01$），表明SNHG3通过特异性吸附*miR*-381，*CART*表达极显著增加；H19+*miR*-491+*CART*组*CART*表达量极显著低于H19+*NC*+*CART*组（$P<0.000\,1$），但与*miR*-491+*CART*组无显著差异（$P>0.05$），表明H19对*CART*表达调控作用不显著；SNHG12+*miR*-491+*CART*组*CART*表达量极显著低于SNHG12+*NC*+*CART*组（$P<0.01$），但极显著高于*miR*-491+*CART*组（$P<0.01$），表明SNHG12通过特异性吸附*miR*-491极显著提高*CART*表达；DANCR+*miR*-491+*CART*组*CART*表达量极显著低于DANCR+*NC*+*CART*组（$P<0.000\,1$），但与*miR*-491+*CART*组无显著差异（$P>0.05$），表明DANCR对*CART*表达调控作用不显著。

同时，由图9-6分析可知，SNHG3+*miR*-381+*CART*组*CART*表达量极显著高于SNHG12+*miR*-491+*CART*组（$P<0.01$），表明SNHG3通过特异性吸附

miR-381，对*CART*的表达调控效果最强。因此，SNHG3是牛下丘脑调控CART表达的关键lncRNA，可能具有较大的应用前景。

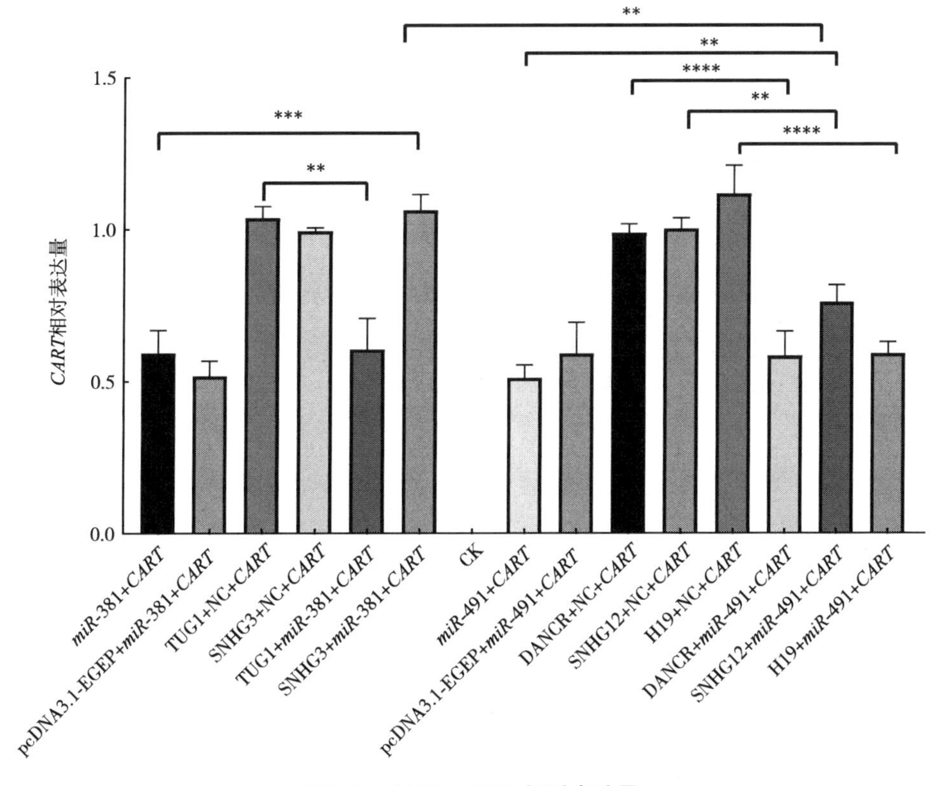

图9-6　*CART* mRNA相对表达量

（****代表P<0.000 1；***代表P<0.001；**代表P<0.01）

9.3　lncRNA-miRNA-CART网络构建

根据ceRNA网络调控理论，结合著者对lncRNA-miRNA、miRNA-CART靶向结合关系及lncRNAs和miRNA对CART表达调控作用的强弱，获得lncRNA-miRNA-mRNA网络数据，Cytescape v3.9.1软件构建以miRNA为核心，CART为靶基因的lncRNA-miRNA-CART网络，并进行可视化作图，如图9-7所示，共有11个lncRNA节点，7个miRNA节点，1个CART节点，节点颜色随着对CART调控作用的增强逐渐变深。miRNA有*miR*-381和*miR*-491、*miR*-377、*miR*-493、*miR*-331-3*p*、*miR*-758和*miR*-877，其中，*miR*-381和*miR*-491抑

制CART表达效果最强；lncRNA有SNHG3、SNHG12、NEAT1、MEG9、MEG3、H19、DANCR、XIST、TUG1、TSIX、SNHG4，其中，SNHG3通过*miR*-381对CART调控作用效果最强。

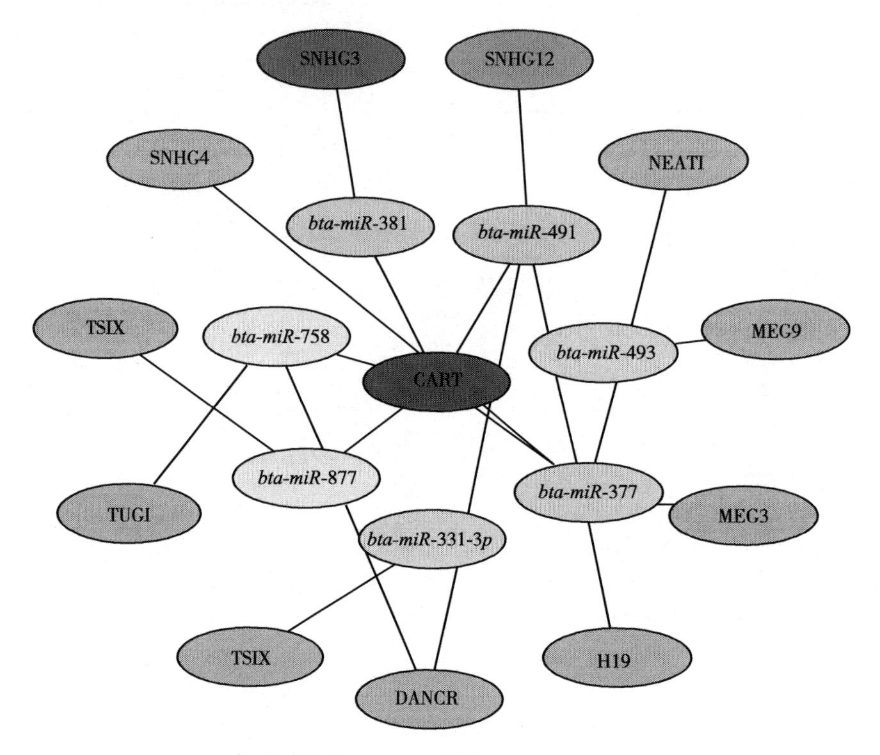

外圈—lncRNA；内圈—miRNA。

图9-7 lncRNA-miRNA-CART核心调控网络

（节点颜色深浅表示作用的强弱，颜色越深，作用效果越强）

综上所述，成功构建TUG1、SNHG3、H19、SNHG12和DANCR过表达载体，从细胞水平明确了SNHG3、SNHG12对CART表达具有显著调控作用，其中，SNHG3通过与*miR*-381特异性结合对CART表达发挥调控作用，SNHG12通过特异性结合*miR*-491对CART表达发挥调控作用；SNHG3对CART调控效果最佳，该研究对后期应用研究具有重要指导意义；并成功构建牛下丘脑lncRNA-miRNA-CART调控网络。

第十章 lncRNA SNHG3调控CART表达功能研究

功能获得和功能缺失试验是研究lncRNA功能的常用方法。著者从细胞水平证实了lncRNA SNHG3通过特异性吸附*miR*-381调控*CART*表达作用效果最强，为进一步从活体动物水平探究lncRNA SNHG3对CART表达的影响，采用功能获得试验研究lncRNA SNHG3对性成熟小鼠活体的作用。相比于牛，小鼠具有饲养管理方便、遗传纯合度高、繁殖周期短、试验操作简便等优点，因此，雌性小鼠是生殖发育研究中一种常用的模式动物。著者前期经生物信息学分析发现，*mmu-miR*-381成熟序列与*bta-miR*-381具有一致性；*mmu-miR*-381与*CART* mRNA 3′UTR区结合位点与*bta-miR*-381和*CART* mRNA 3′UTR区结合位点一致。研究表明，lncRNA虽在物种间基因组染色体上的位置保守性较高，但其序列保守性极低，因此，本试验选取雌性小鼠作为模式动物，模拟活体母牛下丘脑*miR*-381介导的lncRNA SNHG3对靶基因*CART*的表达调控过程和应用效果，研究的可行性和结果的可信度较高。

10.1 试验动物选择及药物注射

10.1.1 小鼠侧脑室注射处理

40只SPF级6周龄ICR雌性小鼠购自斯贝福（北京）生物技术有限公司。小鼠在22～25 ℃下适应性饲养7 d，随机分为空白组、生理盐水组、pcDNA3.1-EGFP组及lncRNA SNHG3过表达组。每组10只，自由进食和饮水；lncRNA SNHG3过表达质粒稀释至1 μg/μL，按照质粒：Entranster^{TM}-in vivo=1：2混匀配制，小鼠固定后，微量注射器于其头部正中线和两耳连线交点位置左/右1.2 mm处垂直入针，以1 μL/min的流量分别注射生理盐水、pcDNA3.1-EGFP和lncRNA SNHG3质粒，针深2.2 mm；注射完成后停针5 min，待小鼠恢复活力拔针并放回鼠笼正常饲养。

10.1.2　小鼠摄食及体重变化分析

每24 h对小鼠摄食进行一次监测，结果如图10-1所示，相比于空白组小鼠摄食量，注射生理盐水组、pcDNA3.1-EGFP组和SNHG3组对小鼠摄食无显著影响（$P>0.05$）；每48 h对小鼠体重进行一次监测，结果如图10-2所示，相比于空白组小鼠体重，注射生理盐水组、pcDNA3.1-EGFP组和SNHG3组对小鼠体重无显著影响（$P>0.05$），可能受到机体代谢水平调节，试验操作过程中脑室注射对小鼠生理活动和试验结果无显著影响。

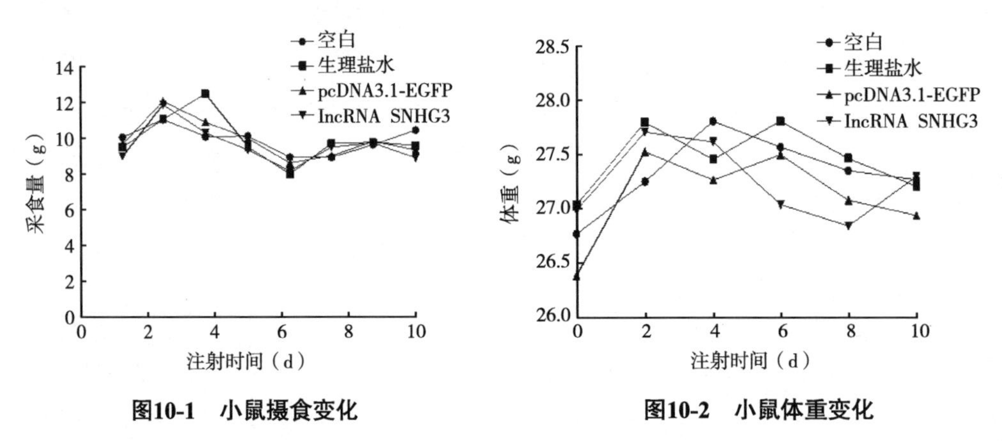

图10-1　小鼠摄食变化　　　　图10-2　小鼠体重变化

10.2　脑室注射SNHG3对CART表达的影响

10.2.1　样品采集与处理

侧脑室注射72 h后眼球采血，装有全血的Ep管倾斜45°，室温静置2 h，4 ℃ 4 000 r/min离心10 min，待血清析出，取上清-80 ℃保存；断颈处死小鼠，手术剪剥离大脑，取出下丘脑并剪碎分装，液氮保存。

Trizol法提取下丘脑组织总RNA，反转录试剂盒获取cDNA，浓度标准化后进行qRT-PCR扩增反应（引物序列见表9-1），$2^{-\Delta\Delta CT}$法计算各基因相对表达量，*β-actin*/*U6*为内参基因均一化表达水平；WB lysis buffer裂解液提取小鼠下丘脑总蛋白，BCA法测定蛋白浓度，浓度标准化后进行Western Blot检测，Ecl发光液显影后拍照，Image J软件分析Western Blot条带灰度值，计算各组CART蛋白浓度；ELISA法测定血清CART浓度，反应终止后酶标仪测量450 nm波长处各孔OD值。试验重复3次，结果采用“均值 ± SE”表示，GraphPad Prism 8.0软件作图并进行显著性分析。

10.2.2 小鼠下丘脑*miR*-381、SNHG3和*CART* mRNA表达分析

qRT-PCR检测*miR*-381、SNHG3和*CART*在小鼠下丘脑中的表达情况，结果如图10-3-a所示，*miR*-381在空白组、生理盐水组、pcDNA3.1-EGFP组和SNHG3组均有表达，SNHG3组*miR*-381表达量极显著低于其他各组（$P<0.001$）。SNHG3在各组中的表达量如图10-3-b所示，SNHG3组SNHG3表达量极显著高于空白组、生理盐水组和pcDNA3.1-EGFP组（$P<0.000\ 1$），表明lncRNA SNHG3过表达成功。小鼠体内过表达SNHG3，各组*CART* mRNA相对表达量如图10-3-c所示，SNHG3组*CART*表达量极显著高于空白组、生理盐水组和pcDNA3.1-EGFP组（$P<0.01$），表明SNHG3通过特异性吸附*miR*-381，极显著提高*CART*表达，试验结果与细胞水平一致。

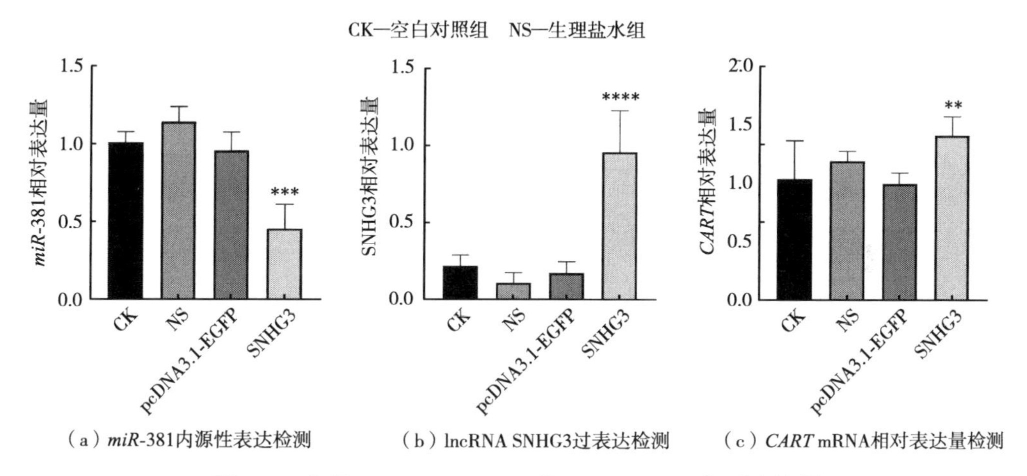

（a）*miR*-381内源性表达检测 （b）lncRNA SNHG3过表达检测 （c）*CART* mRNA相对表达量检测

图10-3 各组*miR*-381、SNHG3和*CART* mRNA相对表达量

（****表示$P<0.000\ 1$；***表示$P<0.001$；**表示$P<0.01$）

10.2.3 CART蛋白表达显著性分析

Western Blot检测各组小鼠下丘脑CART蛋白表达，与空白组、生理盐水组、pcDNA3.1-EGFP组相比，脑室注射SNHG3可显著提高CART蛋白表达（$P<0.05$，图10-4），表明SNHG3通过特异性吸附*miR*-381在转录后水平调控CART表达。

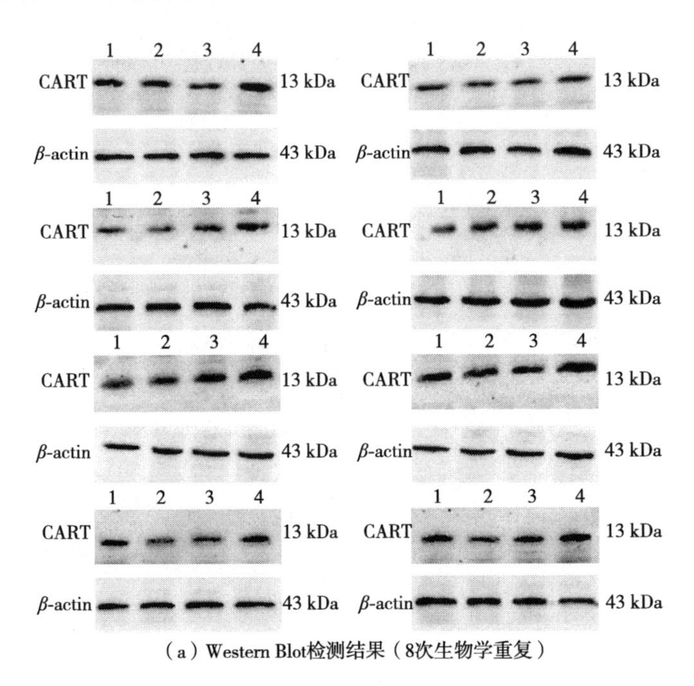

（a）Western Blot检测结果（8次生物学重复）

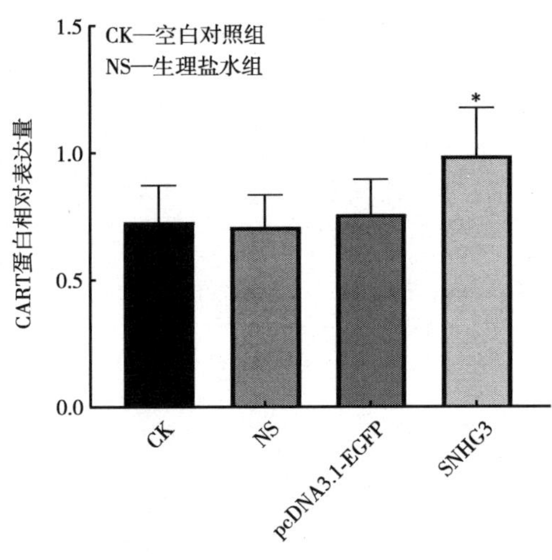

（b）各组CART蛋白含量检测结果

图10-4　SNHG3对CART蛋白表达量的影响

（*表示$P<0.05$）

10.2.4　血清中CART浓度检测

ELISA法检测小鼠血清中CART浓度，根据不同浓度标准品构建CART

蛋白标准曲线，浓度（ng/L）与OD_{450}关系曲线为：y=0.002 9x+0.162 2，R^2=0.989；利用标准关系曲线计算各组血清中的CART浓度，显著性分析结果显示（图10-5），SNHG3组血清中CART浓度与空白组、生理盐水组和pcDNA3.1-EGFP组差异不显著（P>0.05）。该结果与下丘脑组织蛋白表达结果不一致，其原因可能是下丘脑CART分泌需经蛋白合成后共价修饰等加工过程，需一定时间才能分泌进入外周血液；同时，血清成分复杂，可能存在其他非特异性成分对CART检测的干扰。因此，lncRNA SNHG3对血清中CART浓度的影响仍需深入研究。

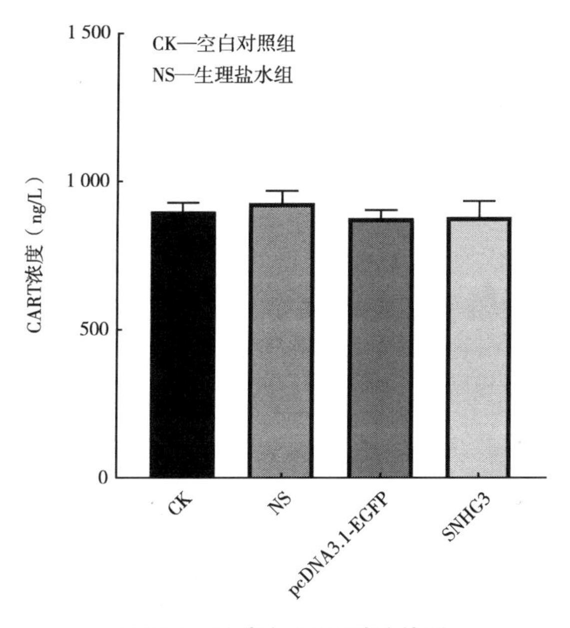

图10-5　血清中CART浓度检测

第十一章 研究总结

CART是一种下丘脑神经肽，在动物体内执行多种功能：包括抑制摄食、调节能量代谢平衡、调节机体应激反应、调控下丘脑—垂体—性腺轴和下丘脑—垂体—肾上腺轴、调节自主神经和感觉传导；同时，CART与2型糖尿病胰岛素抵抗有关；对动物卵泡发育有着显著的负调控作用，引起卵泡闭锁。因此，展开对下丘脑*CART*转录水平和转录后水平调控研究，对丰富牛下丘脑*CART*表达调控机制和调控理论、CART调控牛卵泡发育理论奠定基础，为后期设计小分子药物调控母牛卵泡发育、提高单胎动物的排卵率及优良种畜的扩繁提供理论与技术支持，具有重要的理论价值和应用前景。

著者综合运用生物信息学、细胞生物学、分子生物学、实验动物学等方法和技术对牛下丘脑*CART*转录因子、ceRNA调控网络中关键miRNA和lncRNA进行鉴定，得到以下结论。

（1）获得牛*CART*转录起始位点-1 200 bp ~ +22 bp的侧翼序列，明确了*CART* TSS、CpG岛及TATA box、CAAT box、GATA motif、G box和GC box多种顺式作用元件位点；成功构建4个牛*CART*启动子5′端逐段缺失的双荧光素酶报告基因载体，确定牛*CART* DNA-292 bp ~ +22 bp区间为核心启动子，-475 bp ~ -292 bp区间发挥*CART*转录抑制作用；经DNA pull down联合质谱分析筛选获得RFX5、CREB、RFX1、JUND、TEAD4、TFAP2D和RELA共7个转录因子可能参与牛下丘脑*CART*转录调控；细胞试验证明RFX5、RFX1、TEAD4、CREB和RELA能够靶向牛*CART*核心启动子区并影响其转录活性；其中，RFX5、RFX1、TEAD4抑制牛下丘脑*CART*转录活性，CREB与RELA对牛下丘脑*CART*转录发挥激活作用。

（2）生物信息学方法预测*CART* 3′UTR与miRNA的靶向关系，筛选获得*bta-miR*-377、*bta-miR*-331-3*p*、*bta-miR*-491、*bta-miR*-877、*bta-miR*-758、*bta-miR*-381和*bta-miR*-493的种子区与*CART* 3′UTR完全互补配对，自由能均低于-20 kcal/mol，特异性较高；内源性表达分析表明*bta-miR*-377、*bta-miR*-331-3*p*、*bta-miR*-491、*bta-miR*-877、*bta-miR*-758、*bta-miR*-381、*bta-miR*-493

和*CART*在牛下丘脑中均有表达。

（3）双荧光素酶报告基因载体系统验证了*bta-miR*-377、*bta-miR*-331-3*p*、*bta-miR*-491、*bta-miR*-877、*bta-miR*-758、*bta-miR*-381和*bta-miR*-493对*CART* 3′UTR双荧光素酶载体生物荧光活性的抑制作用；双酶切法成功构建pEX-3-*CART* mRNA+UTR过表达载体，转染模式细胞后完整表达出*CART* mRNA+UTR序列。

（4）7个miRNAs对*CART* mRNA的表达均有抑制作用（$P<0.000\ 1$），其中，*bta-miR*-491抑制效果最强，*bta-miR*-331-3*p*、*bta-miR*-877抑制效果次之（$P>0.05$），*bta-miR*-377和*bta-miR*-758抑制效果较弱（$P>0.05$）、*bta-miR*-493和*bta-miR*-381抑制效果最弱（$P>0.05$）；*bta-miR*-377、*bta-miR*-331-3*p*、*bta-miR*-491、*bta-miR*-493及*bta-miR*-381均能抑制CART蛋白的表达，且*bta-miR*-381抑制效果最强（$P<0.001$）、*bta-miR*-491、*bta-miR*-377抑制效果次之（$P<0.01$）、*bta-miR*-331-3*p*、*bta-miR*-493抑制效果较差（$P<0.05$），*bta-miR*-758和*bta-miR*-877对CART蛋白的表达无显著影响（$P>0.05$）。从基因和蛋白表达情况综合分析，最终确定*bta-miR*-491、*bta-miR*-381对CART表达抑制效果最强。经动物试验明确了*miR*-491、*miR*-381均能抑制小鼠下丘脑组织*CART* mRNA（$P<0.000\ 1$）、CART蛋白（$P<0.05$）表达及血清CART的分泌量（$P<0.01$），且二者抑制效果无显著差异（$P>0.05$）。

（5）生物信息分析获得lncRNA TUG1、SNHG3与*miR*-381的结合位点，lncRNA H19、SNHG12、DANCR与*miR*-491的结合位点，lncRNA SNHG4、MEG3、NEAT1与*miR*-377的结合位点，lncRNA XIST与*miR*-331-3*p*的结合位点，lncRNA MEG9与*miR*-493的结合位点；内源性表达检测明确lncRNA TUG1、SNHG3、H19、SNHG12、DANCR、SNHG4、MEG3在牛下丘脑组织中均有表达。

（6）从细胞水平明确TUG1、SNHG3与*miR*-381具有靶向结合关系，H19、SNHG12、DANCR与*miR*-491具有靶向结合关系；细胞共转染试验明确了SNHG3通过*miR*-381极显著上调CART表达，SNHG12通过*miR*-491极显著上调CART表达，其中，SNHG3调控CART表达作用效果最强，并成功构建牛下丘脑lncRNA-miRNA-CART调控网络。经动物实验明确SNHG3可通过“海绵吸附”*miR*-381在转录后水平显著上调CART表达，lncRNA SNHG3为调控CART表达的关键lncRNA。

目前，著者根据研究结果和存在问题，针对调控牛下丘脑CART表达的关键转录因子RFX5、RFX1、TEAD4、CREB和RELA，ceRNA调控网络中关键miRNA（*miR*-491、*miR*-381）以及lncRNA SNHG3设计活体母牛特异性药物，并对不同给药方式和给药量开展应用效果研究，进一步筛选调控牛卵泡发育作用显著、给药方式简单、使用成本较低的实践应用方案，为后期技术应用和推广奠定基础。

主要参考文献

丁毅飞, 2020. 慢病毒介导的PNX沉默对雌性小鼠生殖发育的影响. 重庆: 重庆大学.

韩东旭, 2021. lncRNA-m433s1作为miR-433分子海绵调控雄性大鼠腺垂体FSH分泌机制的研究. 长春: 吉林大学.

黄垂灿, 2018. lncRNA H19介导miRNA-29a靶向调控IGF-1、AR基因在多囊卵巢综合征中的作用研究. 广州: 暨南大学.

王忆宁, 2021. Dancr调控早发性卵巢功能不全的作用机制研究. 上海: 中国人民解放军海军军医大学.

章鹏, 2019. 小鼠精子发生过程中lncRNA作为ceRNA的网络构建与分析. 杨凌: 西北农林科技大学.

Aad P Y, Echternkamp S E, Spicer L J, 2013. Possible role of IGF2 receptors in regulating selection of 2 dominant follicles in cattle selected for twin ovulations and births. Domestic animal endocrinology, 45(4): 187-195.

Baena V, Terasaki M, 2019. Three-dimensional organization of transzonal projections and other cytoplasmic extensions in the mouse ovarian follicle. Scientific reports, 9(1): 1262.

Brázda V, Bartas M, Bowater R P, 2021. Evolution of diverse strategies for promoter regulation. Trends in genetics, 37(8): 730-744.

Cazalla D, Yario T, Steitz J A, 2010. Down-regulation of a host microRNA by a herpesvirus saimiri noncoding RNA. Science, 328(5985): 1563-1566.

Cazier A P, Blazeck J, 2021. Advances in promoter engineering: novel applications and predefined transcriptional control. Biotechnology journal, 10(16): e2100239.

Chaparian R R, van Kessel J C, 2021. Promoter pull-down assay: a biochemical screen for DNA-binding proteins. Methods in molecular biology, 2346: 165-172.

Clemson C M, Hutchinson J N, Sara S A, et al., 2009. An architectural role for a nuclear noncoding RNA: NEAT1 RNA is essential for the structure of paraspeckles.

Molecular cell, 33(6): 717-726.

Core L, Adelman K, 2019. Promoter-proximal pausing of RNA polymerase II: a nexus of gene regulation. Genes development, 33(15/16): 960-982.

Denzler R, McGeary S E, Title A C, et al., 2016. Impact of microRNA levels, target-site complementarity, and cooperativity on competing endogenous RNA-regulated gene expression. Molecular cell, 64(3): 565-579.

Dias F C, Khan M I, Adams G P, et al., 2014. Granulosa cell function and oocyte competence: super-follicles, super-moms and super-stimulation in cattle. Animal reproduction science, 149(1/2): 80-89.

Douglass J, Daoud S, 1996. Characterization of the human cDNA and genomic DNA encoding CART: a cocaine-and amphetamine-regulated transcript. Gene, 169(2): 241-245.

Gonzalez-Teran B, Pittman M, Felix F, et al., 2022. Transcription factor protein interactomes reveal genetic determinants in heart disease. Cell, 185(5): 794-814.

Haberle V, Stark A, 2018. Eukaryotic core promoters and the functional basis of transcription initiation. Nature reviews molecular cell biology, 19(10): 621-637.

Han Y, Wang T, Sun S, et al., 2017. Cloning of the promoter region of a human gene, FOXL2, and its regulation by STAT3. Molecular medicine reports, 16(3): 2856-2862.

Hong J, Wang X, Mei C, et al., 2019. Competitive regulation by transcription factors and DNA methylation in the bovine SIRT5 promoter: roles of E2F4 and KLF6. Gene, 684: 39-46.

Huang Y, Yao X L, Meng J Z, et al., 2016. Intrafollicular expression and potential regulatory role of CART in the ovine ovary. Domestic animal endocrinology, 54(1): 30-36.

Jia J, Chen X, Zhu W, et al., 2008. CART protects brain from damage through ERK activation in ischemic stroke. Neuropeptides, 42(5/6): 653-661.

Kim D H, Saetrom P, Jr O S, et al., 2008. microRNA-directed transcriptional gene silencing in mammalian cells. Proceedings of the national academy of sciences of the united states of america, 105(42): 16230-16235.

Kim Y K, Kim B, Kim V N, et al., 2016. Re-evaluation of the roles of drosha, exportin 5, and dicer in microRNA biogenesis. Proceedings of the national academy of sciences of the united states of america, 113(13): 1881-1889.

Ling F, Wei L, Wang T, et al., 2011. Cloning and characterization of the 5′-flanking region of the pig cocaine-and amphetamine-regulated transcript gene. DNA and cell biology, 30(2): 91-97.

Liu A, Liu M, Li Y, et al., 2021. Differential expression and prediction of function of lncRNAs in the ovaries of low and high fecundity Hanper sheep. Reproduction in domestic animals, 56(4): 604-620.

Liu D, Li Y, Luo G, et al., 2017. lncRNA SPRY4-IT1 sponges miR-101-3p to promote proliferation and metastasis of bladder cancer cells through up-regulating EZH2. Cancer letters, 388: 281-291.

Liu G, Liu S, Xing G, et al., 2020. lncRNA PVT1/microRNA-17-5p/PTEN axis regulates secretion of E_2 and P_4, proliferation, and apoptosis of ovarian granulosa cells in PCOS. Molecular therapy-nucleic acids, 20: 205-216.

Liu X, Bushnell D A, Kornberg R D, 2013. RNA polymerase II transcription: structure and mechanism. Biochimica et biophysica acta-bioenergetics, 1829(1): 2-8.

Lytle J R, Yario T A, Steitz J A, 2007. Target mRNAs are repressed as efficiently by miRNA-binding sites in the 5′UTR as in the 3′UTR. Proceedings of the national academy of sciences of the united states of america, 104(23): 9667-9672.

Ma X, Hayes E, Prizant H, et al., 2016. Leptin-induced CART is a novel intraovarian mediator of obesity-related infertility in females. Endocrinology, 157(3): 1248-1257.

Mikhael S, Punjala P A, Gavrilova J L, 2019. Hypothalamic-pituitary-ovarian axis disorders impacting female fertility. Biomedicines, 7(1): 5.

Mitash N, Donovan J E, Swiatecka-Urban A, 2020. The Ago2-miRNA-co-IP assay to study TGF-β1 mediated recruitment of miRNA to the RISC in CFBE cells. Jove-journal of visualized experiments: 10. 3791/61571.

Pan Y, Yang S, Cheng J, et al., 2021. Whole-transcriptome analysis of lncRNAs mediated ceRNA regulation in granulosa cells isolated from healthy and atresia follicles of chinese buffalo. Frontiers in veterinary science, 8: 680182.

Papavassiliou K A, Papavassiliou A G, 2016. Transcription factor drug targets. Journal of cellular biochemistry, 117(12): 2693-2696.

Pedersen H G, Watson E D, Telfer E E, 2003. Analysis of atresia in equine follicles using histology, fresh granulosa cell morphology and detection of DNA fragmentation. Reproduction, 125(3): 417-423.

Quan R, Fu Y, He W, et al., 2012. Cloning and characterization of the porcine IL-10 promoter. Veterinary immunology and immunopathology, 146(3/4): 277-282.

Richards J S, Ren Y A, Candelaria N, et al., 2018. Ovarian follicular theca cell recruitment, differentiation, and impact on fertility: 2017 update. Endocrine reviews, 39(1): 1-20.

Robinson P J, Trnka M J, Bushnell D A, et al., 2016. Structure of a complete mediator-RNA polymerase II pre-initiation complex. Cell, 166(6): 1411-1422.

Rorbach G, Unold O, Konopka B M, 2018. Distinguishing mirtrons from canonical miRNAs with data exploration and machine learning methods. Scientific reports, 8(1): 7560.

Sadeghi M, Bahrami A, Hasankhani A, et al., 2022. lncRNA-miRNA-mRNA ceRNA network involved in sheep prolificacy: an integrated approach. Genes, 13(8): 1295.

Salmena L, Poliseno L, Tay Y, et al., 2011. A ceRNA hypothesis: the rosetta stone of a hidden RNA language? Cell, 146(3): 353-358.

Schwarz D S, Hutvágner G, Du T, et al., 2003. Asymmetry in the assembly of the RNAi enzyme complex. Cell, 115(2): 199-208.

Shobatake R, Takasawa K, Ota H, et al., 2018. Up-regulation of POMC and CART mRNAs by intermittent hypoxia via GATA transcription factors in human neuronal cells. International journal of biochemistry cell biology, 95: 100-107.

Simicevic J, Deplancke B, 2017. Transcription factor proteomics-tools, applications, and challenges. Proteomics, 17(3/4): 10-35.

Smirnova O G, Kochetov A V, 2020. Choice of the promoter for tissue and developmental stage-specific gene expression. Methods in molecular biology, 2124: 69-106.

Spiess J, Villarreal J, Vale W, 1981. Isolation and sequence analysis of a somatostatin-like polypeptide from ovine hypothalamus. Biochemistry, 20(7): 1982-1988.

Spizzo R, Almeida M I, Colombatti A, et al., 2012. Long non-coding RNAs and cancer: a new frontier of translational research? Oncogene, 31(43): 4577-4587.

Sun L, Zhang P, Lu W, 2021. lncRNA MALAT1 regulates mouse granulosa cell apoptosis and 17 β-estradiol synthesis via regulating miR-205/CREB1 axis. Biomed research international, 2021: 6671814.

Sun Y, Wang L, Zhou Y, et al., 2014. Cloning and characterization of the human trefoil factor 3 gene promoter. Plos one, 9(4): e95562.

Tanaka K, Saito R, Sanada K, et al., 2020. Expression of hypothalamic feeding-related peptide genes and neuroendocrine responses in an experimental allergic encephalomyelitisrat model. Peptides, 129: 170313.

Ugur M, Kanit L, Koylu E O, et al., 2019. Cocaine-and amphetamine-regulated transcript promoter regulated by nicotine in nerve growth factor-treated PC12 cells. Physiology international, 106(3): 272-282.

Ulitsky I, 2018. Interactions between short and long noncoding RNAs. Febs letters, 592(17): 2874-2883.

Upadhya M A, Nakhate K T, Kokare D M, et al., 2012. CART peptide in the nucleus accumbens shell acts downstream to dopamine and mediates the reward and reinforcement actions of morphine. Neuropharmacology, 62(4): 1823-1833.

Vo N L, Kassavetis G, Kadonaga J, 2019. The RNA polymerase II core promoter in drosophila. Genetics, 212(1): 13-24.

Wu M, Li W, Huang F, et al., 2019. Comprehensive analysis of the expression profiles of long non-coding RNAs with associated ceRNA network involved in the colon cancer staging and progression. Scientific reports, 9(1): 16910.

Xiao Y, Reeves M B, Caulfield A F, et al., 2018. The core promoter controls basal and inducible expression of duck retinoic acid inducible gene-I (RIG-I). Molecular immunology, 103: 156-165.

Xiong Y, Liu T, Wang S, et al., 2017. Cyclophosphamide promotes the proliferation inhibition of mouse ovarian granulosa cells and premature ovarian failure by activating the lncRNA-Meg3-p53-p66Shc pathway. Gene, 596: 1-8.

Yamaner G, Tuncelli G, Memis D, 2018. The effect of luteinizing hormone-releasing hormone analogue and carp pituitary hormones on Russian sturgeon (Acipenser gueldenstaedtii) sperm characteristic. Aquaculture research, 49(2): 1127-1130.

Yang Y, Jiang Y, Wan Y, et al., 2016. UCA1 functions as a competing endogenous RNA to suppress epithelial ovarian cancer metastasis. Tumor biology, 8: 10633-10641.

Yanik T, Dominguez G, Kuhar M J, et al., 2006. The Leu34Phe ProCART mutation leads to cocaine-and amphetamine-regulated transcript (CART) deficiency: a possible cause for obesity in humans. Endocrinology, 147(1): 39-43.

Zhang C, Zhao H, Song X, et al., 2022. Transcription factor GATA4 drives RNA polymerase III-directed transcription and transformed cell proliferation through a filamin A/GATA4/SP1 pathway. Journal of biological chemistry, 298(3): 101581-101597.

Zhang D, Shen L, Wu W, et al., 2022. Cloning and functional verification of a porcine adipose tissue-specific promoter. BMC genomics, 23(1): 394-402.

Zhang H, He L, Cai L, 2018. Transcriptome sequencing: RNA-Seq. Methods in molecular biology, 1754: 15-27.

Zhang X, Liang H, Kourkoumelis N, et al., 2020. Comprehensive analysis of lncRNA and miRNA expression profiles and ceRNA network construction in osteoporosis. Calcified tissue internation, 106(4): 343-354.

附录1　本著作来源于以下研究成果

[1] Zhu Z W, Ma Y Y, Li Y, **Li P F**, Cheng Z X, Li H F, Zhang L H, Tang Z W, 2020. The comprehensive detection of miRNA, lncRNA, and circRNA in regulation of mouse melanocyte and skin development[J]. Biological research, 53(1): 4.

[2] Hou S N, Hao Q L, Zhu Z W, Xu D M, Liu W Z, **Li P F***, 2019. Unraveling proteome changes and potential regulatory proteins of bovine follicular granulosa cells by mass spectrometry and multi-omics analysis[J]. Proteome science, 17(1): 4.

[3] Zhu Z W, Ma Y Y, Li Y, Cheng Z X, Li H F, Zhang L H, Xu D M, **Li P F***, 2019. Comparison of miRNA-101a-3p and miRNA-144a-3p regulation with the key genes of alpaca melanocyte pigmentation[J]. BMC molecular biology, 20(1): 19.

[4] Hao Q L, Zhu Z W, Xu D M, Liu W Z, Lü L H, **Li P F***, 2019. Proteomic characterization of bovine granulosa cells in dominant and subordinate follicles[J]. Hereditas, 156: 21.

[5] Zhu Z W, Cai Y Q, Li Y, Li H F, Zhang L H, Xu D M, Yu X J, **Li P F**, Lü L H, 2019. miR-148a-3p inhibits alpaca melanocyte pigmentation by targeting MITF[J]. Small ruminant research, 177(8): 44-49.

[6] Zhu Z W, Li Y, Liu W Y, He J P, Zhang L H, Li H F, **Li P F**, Lü L H, 2018. Comprehensive circRNA expression profile and construction of circRNA-associated ceRNA network in fur skin[J]. Experimental dermatology, 27(3): 251-257.

[7] **Li P F**, Meng J Z, Zhu Z W, Folger J K, Lü L H, 2018. Detection of genes associated with follicle development through tran-scriptome analysis of bovine ovarian follicles GCs[J]. Current bioinformatics, 13(2): 127-140.

[8] **Li P F**, Meng J Z, Jing J J, Hao Q L, Zhu Z W, Yao J B, Lü L H, 2018. Study on the relationship between expression patterns of cocaine-and amphetamine regulated transcript and hormones secretion in porcine ovarian follicles[J].

Biological research, 51(1): 6.

[9] **Li P F**, Yu X J, Xie J S, Yao X L, Liu W Z, Yao J B, Zhu Z W, Lü L H, 2017. Expression of cocaine-and amphetamine-regulated transcript (CART) in hen ovary[J]. Biological research 50(1): 18.

[10] Jing J J, Jiang X L, Chen J W, Yao X L, Zhao M M, **Li P F**, Pan Y Y, Ren Y S, Liu W Z, Lü L H, 2017. Notch signaling pathway promotes the development of ovine ovarian follicular granulosa cells[J]. Animal reproduction science, 181: 69-78.

[11] **Li P F**, Meng J Z, Liu W Z, Smith GW, Yao J B, Lü L H, 2016. Transcriptome analysis of bovine ovarian follicles at predeviation and onset of deviation stages of a follicular wave[J]. International journal of genomics: 3472748.

[12] 任静, 郝琴琴, 成俊丽, 朱芷葳, 许冬梅, 贾雪纯, **李鹏飞***, 2022. bta-miR-377靶向调控牛下丘脑CART表达的研究[J]. 中国畜牧兽医, 49(9): 3301-3309.

[13] 成俊丽, 郝庆玲, 侯淑宁, 朱芷葳, 许冬梅, **李鹏飞***, 2020. 牛卵泡颗粒细胞CART相互作用蛋白鉴定及受体筛选[J]. 畜牧兽医学报, 51(12): 3046-3056.

[14] 侯淑宁, 郝庆玲, 景炅婕, 王锴, 成俊丽, 吕丽华, **李鹏飞***, 2020. 牛卵泡CART受体的筛选及其表达特性分析[J]. 畜牧兽医学报, 51(3): 505-513.

[15] 朱芷葳, 侯淑宁, 郝庆玲, 景炅婕, 吕丽华, **李鹏飞***, 2020. 牛卵泡AGTR2表达特性及其功能分析[J]. 中国农业科学, 53(7): 1482-1490.

[16] 朱芷葳, 郝庆玲, 侯淑宁, 景炅婕, 赵成萍, 吕丽华, **李鹏飞***, 2019. 牛卵泡TEDDM1表达特点及其功能分析[J]. 畜牧兽医学报, 50(6): 1189-1197.

[17] 郝庆玲, 景炅婕, 侯淑宁, 许冬梅, 赵成萍, 朱芷葳, 吕丽华, **李鹏飞***, 2019. 基于label-free技术分析牛卵泡蛋白质组分及关键调控蛋白[J]. 畜牧兽医学报, 50(5): 983-992.

[18] 郝庆玲, 景炅婕, 朱芷葳, 吕丽华, **李鹏飞***, 2019. 基于Illumina平台转录组测序筛选牛卵泡发育调控基因[J]. 湖南农业大学学报(自然科学版), 45(1): 60-67.

[19] 郝庆玲, 朱芷葳, 许冬梅, **李鹏飞***, 2018. 牛卵泡CMKLR1基因CDS区克隆及结构分析[J]. 山西农业大学学报(自然科学版), 38(7): 57-62.

[20] **李鹏飞**, 孟金柱, 景炅婕, 毕锡麟, 王锴, 朱芷葳, 吕丽华, 2018. 转录组测序筛选牛卵泡发育相关基因及其表达差异分析[J]. 中国农业科学, 51(15): 3000-

3008.

[21] **李鹏飞**, 郝庆玲, 毕锡麟, 王锴, 朱芷葳, 吕丽华, 2018. 牛ODF2和PDF2转录组测序筛选卵泡发育相关基因[J]. 福建农林大学学报, 47(4): 439-445.

[22] **李鹏飞**, 孟金柱, 郝庆玲, 毕锡麟, 王锴, 朱芷葳, 吕丽华, 2018. PDF2和ODF1转录组测序筛选牛卵泡发育相关基因[J]. 畜牧兽医学报, 49(2): 300-309.

[23] **李鹏飞**, 孟金柱, 郝庆玲, 毕锡麟, 王锴, 朱芷葳, 吕丽华, 2017. 胰岛素和FSH对体外培养猪卵泡颗粒细胞雌激素的影响[J]. 畜牧兽医学报, 48(11): 2084-2090.

[24] **李鹏飞**, 孟金柱, 于雪静, 庞钰莹, 杜海燕, 李晓明, 姚晓磊, 赵妙妙, 吕丽华, 2016. 外源性dsRNA对蛋鸡卵泡CART基因表达及雌激素和孕酮分泌的影响[J]. 畜牧兽医学报, 47(3): 515-520.

[25] **李鹏飞**, 姚晓磊, 赵妙妙, 杜海燕, 景炅婕, 毕锡麟, 王锴, 吕丽华, 2016. 外源注射CART特异性dsRNA对蛋鸡产蛋性能和蛋品质的影响[J]. 福建农林大学学报, 45(4): 434-438.

[26] **李鹏飞**, 毕锡麟, 王锴, 景炅婕, 吕丽华, 2016. CART在不同发育阶段牛卵泡颗粒细胞中的表达和定位[J]. 中国农业科学, 49(12): 2389-2396.

[27] 任静, 2023. 牛下丘脑CART核心启动子鉴定及其转录调控研究[D]. 太谷：山西农业大学.

[28] 郝琴琴, 2023. 牛下丘脑调控CART表达的lncRNA筛选及功能研究[D]. 太谷：山西农业大学.

[29] 成俊丽, 2022. miRNAs对牛下丘脑CART转录后表达调控的研究[D]. 太谷：山西农业大学.

[30] 侯淑宁, 2021. 牛下丘脑ceRNA网络及bta-miR-377对CART表达调控研究[D]. 太谷：山西农业大学.

[31] 郝庆玲, 2021. 牛卵泡颗粒细胞CART受体的鉴定[D]. 太谷：山西农业大学.

[32] **李鹏飞**, 2014. 牛卵泡可卡因-苯丙胺调节转录肽(CART)受体的筛选[D]. 太谷：山西农业大学.

附录2　专　利

授权国家发明专利《用于神经肽受体筛选的方法》，专利号: ZL201510681442.1。

授权国家发明专利《一种牛跨膜附睾蛋白1的多克隆抗体及制备方法》，专利号: ZL201710644462.0。

授权国家发明专利《一种检测牛CART活性肽与牛卵泡颗粒细胞膜受体是否结合的方法》，专利号: ZL202010914572.6。

申请国家发明专利《一种牛CART基因真核过表达载体的构建与应用》，申请号: 202210285457.6。

申请国家发明专利《miR-491、miR-381在牛下丘脑CART转录后表达调控中的应用》，申请号: 202210491890.5。

申请国家发明专利《牛下丘脑调控CART表达的非编码RNA及其应用》，申请号: 202211642014.4。